建筑学练习
——像建筑师一样思考

[英]西蒙·昂温 著

朱 宁 译

中国建筑工业出版社

著作权合同登记图字：01-2013-4721 号

图书在版编目（CIP）数据

建筑学练习：像建筑师一样思考/（英）昂温著；朱宁译．—北京：中国建
筑工业出版社，2016.12
ISBN 978-7-112-20147-1

Ⅰ．①建…　Ⅱ．①昂…②朱…　Ⅲ．①建筑学-高等学校-教学参考资料
Ⅳ．①TU

中国版本图书馆 CIP 数据核字（2016）第296092号

Exercises in Architecture: Learning to Think as an Architect/Simon Unwin, ISBN 13 978-0415571920

责任编辑：董苏华　李　婧
责任校对：王宇枢　张　颖

建筑学练习——像建筑师一样思考

[英] 西蒙·昂温　著
朱　宁　译

*

中国建筑工业出版社出版、发行（北京海淀三里河路9号）
各地新华书店、建筑书店经销
北京嘉泰利德公司制版
北京中科印刷有限公司印刷

*

开本：850×1168毫米　1/16　印张：12$\frac{1}{2}$　字数：256千字
2017 年 7 月第一版　2017 年 7 月第一次印刷
定价：**50.00**元
ISBN 978-7-112-20147-1
（29568）

版权所有　翻印必究
如有印装质量问题，可寄本社退换
（邮政编码 100037）

写给

Merve 和 Евгения

（the "eltis"）

"告诉他们，人的心灵如何变得比他所居住的地方美一千倍。"

——William Wordsworth，《序幕》，1805 年

目　录

序幕："建筑"的驱使 ………………………………………………………………………… 2

概述 …………………………………………………………………………………………… 3

    "建筑进行时" ……………………………………………………………………………… 3

    在工作中学习建筑的思维方式 …………………………………………………………… 4

    绘图（及其局限性）………………………………………………………………………… 5

    练习 ………………………………………………………………………………………… 6

    插曲与观察报告 …………………………………………………………………………… 6

    材料与装备 ………………………………………………………………………………… 6

    持有一个笔记本 …………………………………………………………………………… 6

    创造好的作品 ……………………………………………………………………………… 7

第一部分　基础 ……………………………………………………………………………… 9

    练习 1　没有物质的物质 ………………………………………………………………… 12

        练习 1a　加入一个想法 …………………………………………………………… 12

        练习 1b　中心 ……………………………………………………………………… 13

        练习 1c　（通过物体）定义场所 ………………………………………………… 13

        练习 1d　人的介入 ………………………………………………………………… 14

        练习 1e　人在中心 ………………………………………………………………… 14

        练习 1f　（通过人）定义场所 …………………………………………………… 14

        练习 1g　场所圆圈 ………………………………………………………………… 15

        练习 1h　门槛 ……………………………………………………………………… 15

            在你的笔记本上……（若干场所圆圈）…………………………………… 17

    练习 2　知觉转换 ………………………………………………………………………… 19

        练习 2a　给一个死人的容器 ……………………………………………………… 19

        练习 2b　金字塔 …………………………………………………………………… 20

        练习 2c　剧场与住宅 ……………………………………………………………… 21

            插曲："艺术家在此" ……………………………………………………… 23

            在你的笔记本上……（知觉翻转）……………………………………… 24

            观察报告：表观与体验 …………………………………………………… 25

    练习 3　轴线（及其否定）……………………………………………………………… 26

        练习 3a　门的轴线 ………………………………………………………………… 26

        练习 3b　四等分 …………………………………………………………………… 27

        练习 3c　关联到远方 ……………………………………………………………… 28

        练习 3d　神庙 ……………………………………………………………………… 29

            插曲：森林中的小教堂 …………………………………………………… 30

            在你的笔记本上……（空间中的轴线）………………………………… 31

练习 3e 一列门洞 33

插曲：一列门洞 34

练习 3f 反对 / 否定门洞轴线的权威 36

练习 3g 做一个毫无意义的门洞 / 轴线 / 焦点的组合 38

在你的笔记本上……（与轴线冲突） 39

第一部分总结 41

第二部分 几何 43

练习 4 重合 / 对齐 45

练习 4a 世界和人的几何形 45

练习 4b 多个几何形对齐 46

练习 4c 将建筑作为重合 / 对齐的手段 47

在你的笔记本上……（将建筑作为重合 / 对齐的手段） 48

练习 5 人体测量学 50

练习 5a 一张足够大的床 50

练习 5b 测量的一些关键点 51

在你的笔记本上……（人体的尺寸） 52

练习 6 社会性几何 53

练习 6a 一个圆形房屋中的社会性几何 53

练习 6b 建筑可以形成的其他社会性几何的状态 55

插曲：唱诗班座位 57

在你的笔记本上……（社会性几何） 58

练习 7 制作性几何 59

练习 7a 建筑构件的形式与几何 59

练习 7b 在你的墙上放置屋顶或楼板 61

练习 7c 平行墙体 62

插曲：一个威尔士小屋 63

观察报告：思考圆形 64

练习 7d 现在重新设计这个圆形的房子 65

插曲：科罗威人的（Korowai）树屋；范斯沃斯住宅 67

在你的笔记本上……（制作性几何） 69

插曲：一个经典的形式，无穷的变化与延伸 72

练习 7e 跨越更大的距离 73

在你的笔记本上……（结构的几何形） 76

插曲：制作性几何的一次冲突（出于一个理由）——阿斯普伦德的森林小教堂（续） 77

观察报告：对待制作性几何的不同态度 78

练习 7f 超越制作性几何 84

在你的笔记本上……（对待制作性几何的若干态度） 85

练习 8 布局性几何 87

练习 8a 平行的墙体 87

练习 8b　多房间建筑物 ··· 88

观察报告：通过矩形让若干几何形相互协调 ···························· 90

插曲：修改布局性几何中的矩形 ·· 91

练习 8c　列柱空间 / 自由平面 ··· 95

在你的笔记本上……（自由平面）································· 97

练习 9　理念性几何 ··· 100

练习 9a　正方形空间 ··· 100

练习 9b　拓展方格 ··· 101

练习 9c　立方体 ··· 103

练习 9d　墙厚的问题 ··· 103

在你的笔记本上……（理念性几何）···························· 105

插曲：球体 ·· 109

练习 10　对称与不对称 ·· 111

练习 10a　对称轴 ·· 111

观察报告：完美的（不）可能性? ·································· 113

插曲：九宫格住宅 ·· 116

练习 10b　推翻轴对称 ··· 118

在你的笔记本上……（对称与不对称）························· 122

练习 11　与几何共舞 ·· 124

练习 11a　叠加几何形 ··· 124

练习 11b　旋转几何形 ··· 126

练习 11c　打破理念性几何 ··· 127

练习 11d　更复杂的几何形 ··· 129

练习 11e　扭曲几何形 ··· 133

在你的笔记本上……（扭曲几何形）·························· 135

插曲：使用计算机生成复杂（基于数学）的形式 ··············· 137

第二部分总结 ·· 138

第三部分　出师入世 ·· 141

练习 12　在室外景观中营造场所 ·· 143

练习 12a　准备 ··· 143

练习 12b　通过选择与占据，定义一个场所 ································· 145

在你的笔记本上……（选择与占据）···························· 146

插曲：乌鲁汝（艾尔斯岩）[Uluru（Ayer's Rock）] ·········· 150

练习 12c　（开始）以某种方式改善你的场所 ······························· 151

练习 12d　在空地中营造一个新场所 ··· 152

插曲：理查德·朗（Richard Long）································· 154

练习 12e　场所圆圈 ··· 155

练习 12f　（开始）修正你的场所圆圈（使其更坚固或更舒适）··········· 156

练习 12g　以人营造场所 ·· 159

插曲：澳大利亚原住民在自然景观中营造场所 ················· 162

插曲：埃托雷·索特萨斯（Ettore Sottsass）················· 164

练习 12h　人体测量学 ················· 165

练习 12i　制作性几何 ················· 166

练习 12j　应对环境 ················· 168

插曲：尼克的营地 ················· 171

练习 12k　限定气氛 ················· 173

练习 12l　为使用空间设定规则 ················· 175

练习 12m　尝试将时间作为建筑的元素 ················· 177

在你的笔记本上······（在自然景观中画出场所）················· 179

在你的笔记本上······（利用或缓和客观条件的建筑物）················· 182

第三部分总结 ················· 183

尾声：绘制平面与剖面 ················· 185

致　　谢 ················· 188

推荐书目 ················· 189

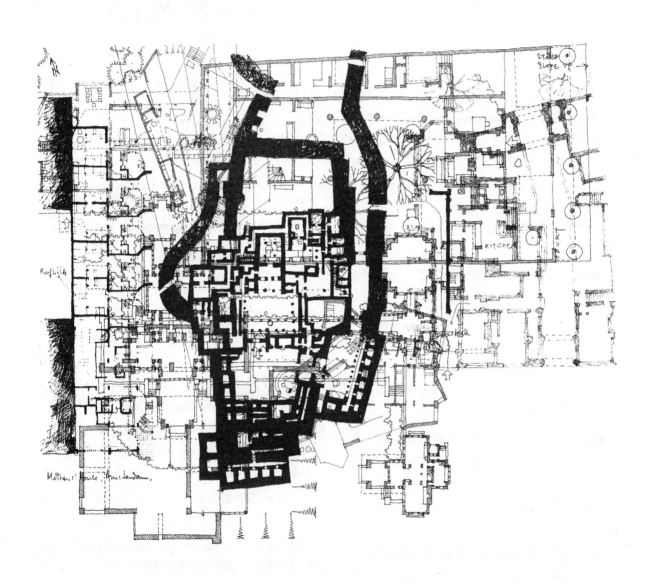

建筑学练习
——像建筑师一样思考

序幕："建筑"的驱使

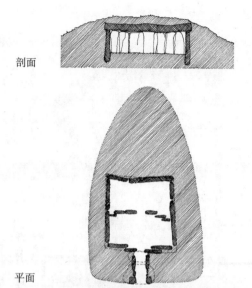

剖面

平面

想要像建筑师一样成长，你需要逐渐意识到建筑学的元素中所具有的力量：来自一块地的力量，它是经过平整而建立起来的进行一项仪式或一种行为的场所；来自一堵墙的力量，它将场所分成一部分和另一部分；来自一片屋顶、遮蔽物或是阴影的力量；来自可以进入的门的力量……

也许从你出生开始，就对这些建筑的元素习以为常。它们是日常生活的一部分。但是它们也是建筑师的工具。

我们在建筑产品的包围中长大——房间、花园、商店、学校、城市，等等，它们构成了我们的生活，我们也就把它们当作既有世界中的一部分。我们不假思索地接受墙阻止我们从一个地方到另一个地方，而一扇开着的门能让我们通过。我们知道我们的家在物质上和精神上保护着我们，但我们从未有意识地想过这是如何发生的。

作为建筑师，你需要去推开这个熟悉到不假思索便直接接受的藩篱，要留意那些墙和窗、门和屋顶、地板和门槛的力量。你需要变得更有意识：你如何能用它们去设置一个三维空间，让人们在生活中路过。

建筑元素的力量是原始的——动物都会用。人类估计是先于语言就使用它们了。在某种意义上它们自身组成了一种"语言"——空间的语言。这是一门无言的语言，但它同样是一种交流的形式。它可以告诉你空间是如何容纳不同的行为的；它可以告诉你谁拥有什么样的空间；它可以告诉你边界和关系；它可以告诉你做事情的空间规则。建筑学，像是诗学，甚至可以引发你的情绪反应：兴奋、恐惧、欢乐、疏远、

担忧、尴尬、崇敬、特权，等等。建筑可以改变你的行为，改变你的角色，改变你和他人的关系。

举个例子。上图画的是一个法国卢瓦尔（Loire）地区的石墓。它大约建造于5500年前。这个墓被称为巴由利尔（La Bajoulière），是用非常大、非常重的方形石板建造的。

费这么大的力气去完成这样的构筑物是为了得到什么？巴由利尔覆盖于一个土丘之下，所以得到的一定不是在优美风景中的美丽装饰。构筑物所实现的是去创造一个黑暗、神秘的内部，与世隔绝，是对于世界不确定性所带来恐惧的一剂"安眠药"*。这里足够安全，阻挡了横冲直撞的野兽，包容了躁动的魂魄和嫉妒的神灵。

建造巴由利尔的建筑师，以及那些建造者，创造了一个前所未有的场所（对他们来说是一个人工的山洞）。这就是"建筑学"的驱使，驱使人们修正这个世界，去重新安排那些点点滴滴，去建立那些容纳生活（与死亡）的场所。

---

* 原文为 antidote，即解毒剂。——译者注

概述

开始学习做建筑可能有些难度。你可能对于什么是建筑——房屋的设计——有个概念，但是当你开始尝试去做的时候，地面从你的脚下消失了。做建筑（也许）与你以前有意识做的任何事情都不同，并且是根本性的不同。我之所以说"有意识的"，是因为能让你把握住做建筑的方法之一就是要承认和意识到你已经是一名建筑师：那个曾经在桌子底下搭窝，树枝上面盖房的建筑师，那个有时候蜷缩在篝火旁或坐在悬崖边上瑟瑟发抖的建筑师。下面的练习会帮你提供一些地面，让你名副其实地站上去。

"建筑进行时"

你可以是一名建筑师，但是你想要探索那意味着什么。你需要在建筑学方面表现得更好，于是你需要实践。这本书给你一些练习，会帮助你理解，作为一名建筑师意味着什么，如何在这个宏大而微妙的艺术中开始建筑的思考，并提高你的技能和熟练度。

第一步就是要意识到建筑是一个正在进行时的单词。非建筑师会把房屋看作产品，而不是包含理念的想法。媒体会将房屋呈现为一个客体，让人看到，去欣赏或去批判（通常是后者）。但是你不得不从不同的角度思考——如同你去做个什么东西，而不是仅仅去使用或去看它。在你思考它们之前，未来的房屋甚或城市是不会出现的。那些既有世界结构之间的空隙等待着你的想象力来填充。你并不仅仅是一名建筑的观察员，你是一个参与者。

即使建筑是我们人类在创造世界和个人生活

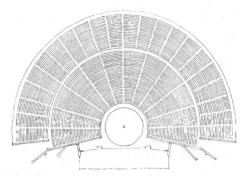

通过建筑，意识可以为我们所做的事情设置三维空间。通过为剧场赋予形式，古代希腊建筑师们建立了一个供表演——在演员、观众、景观和神祇之间建立联系——的场所。

中所做的最基本的事情，它在英语中也只是一个名词。"设计"、"绘画"、"建造"并不足以转化为这个意思，如果有这样一个动词就好了："to architect"。

事实上，古代希腊人确实有这样一个动词，是"做建筑"：άρχιτεκτονέω。意思是"给……赋予形式"，比如说：给一栋房屋赋予形式，作为一个场所用来做饭、吃饭和睡觉；给一个剧场赋予形式，通过在地上画一个圆，周围是提供给观众的座位；给一个城市赋予形式，通过布局街道、广场和围墙；也可以给一所神庙赋予形式，等等。

我们已经能够（并且确实在）使用动词"设计"来表示所有这些。但是或多或少"to architect"能够激发出更深刻的东西，一种与世界更加原初的关系，在这个世界中，意识进入一个与周围环境能动的关系中，并且通过组织（认知、选择、安排、搭建、构造、编排、堆砌，甚至挖掘）将意识加入到所占据或使用的场所，进而理解（将形式赋予）这些场所。在这个意义上，建筑并不仅限于关注房屋的涂脂抹粉的外貌，也不仅仅是考虑构造的技术；它是存在性的根本。在我们所做事情的场所意义上，没有占据或者至少尝试去理解它，我们就不可能存活在世上。建筑是哲学（没有词语的）；我们以建筑为媒介，设置三维空间，

剖面   平面

建筑的本质由赋予一部分世界以形式而构成，作为场所以及可控制的空间关系而建立。

例：一个女孩"建筑"她的世界

早秋，一个阳光明媚的日子，一个小女孩（我们暂且称其为伊芙）决定去卖自家果园里结的苹果。她在家门外放了一辆装满苹果的手推车，然后坐在了附近的桌子边，等待过路人。这对于每个人来说都是一个"建筑师"的例子。伊芙对于元素的简单组合却可能拥有你一开始想不到的微妙之处。位置邻近却不阻挡道路，那里她可以随时回到她家的（安全）领域中（已由果园篱笆划定），拿更多的苹果或者喝口水，她父母也能看着她确定她没有意外（再往外就是有威胁的世界了）。除了一车苹果之外，小女孩还有一把小椅子和一张小桌子，以及一盒子塑料袋，还有一杯子零钱。她将这些最少的元素横跨在步行路上，去提示而不是挡住过路人的行进方向。她背后有篱笆保护。她也在行道树的阴影中……而门口（门槛）总是场所转换之处，在那里我们会见客人或者说再见。在这里摆出来，并且用其他已经存在于此的东西，伊芙建立了（"建筑了"，给了一个形式）一起码的商店（用于卖苹果）。短时间内她就会改变了世界（一个小小的部分）和自己（成为一名建筑师和一个店主）。这就是建筑的力量。

当然，建筑也会考虑到其他很多问题，尤其是房屋的建造（墙、屋顶等）以及外观的审美性和象征性，二者不可或缺；但是，最初思考建筑的问题，仍然是如何赋予居住和使用所需空间的形式。而"赋予"在这里包括认识到在那个位置存在东西的可能性（这个例子中的道路、篱笆、大门、树……），也包括对于它们的修正和附加（如推车、桌子、椅子……）。最终（如果规划权获得许可的话）伊芙可能想要增加屋顶和墙，等等，来开一家永久性的商店。于是她就会开始考虑如何建造以及看起来怎么样的问题了。

之后才能做各种事情。这样便能理解，作为一名建筑师，挑战是诱人的，任务也是艰巨的。

每个人都一定程度地"建筑着"他们的世界——他们所居住的物理的（以及哲学上的）存在，即使只是搭建一个临时的帐篷或者在室内摆设家具。本书（作为《解析建筑》的姐妹篇）将论述如何使你先天的"建筑"能力发展到更高的水准，让你感到有能力、有信心，不仅仅去建筑你自己的世界，而且能够（很专业地）去建筑他人的世界。

在工作中学习建筑的思维方式

当你有意识、有愿望、有冲动去肩负起为他人"建筑"世界的挑战与责任的时候，你必须同时成为一名与建筑师有相同思维方式的学生。我们会通过分析案例（如同另一本姐妹篇《建筑师应该理解的二十个建筑》）进行学习，会在建筑

学的作用与力量方面受益匪浅。但是，由于建筑学是正在进行时，一种对其作用与力量的操作性理解只能从实践中获得，不断地尝试，再尝试。我们不可能只通过阅读或依照概要性的说明书就能学会语言、学会骑自行车或是学会拉小提琴；我们必须实践——咿呀学语、摇摇晃晃或是拉小提琴像弹棉花——而后我们才能更熟练而精通。建筑学同理：越是实践，你的大脑就变得越娴熟，你就越能发现你能用它来做什么。正是抱着这样的想法，本书提供了一些练习，以唤醒和拓展你做建筑的能力（这种能力是已有的、与生俱来的，却是潜在的而且蛰伏在你心中的）。

下面的练习目的是帮助你去实践以及拓展你的能力，去像建筑师一样思考与行动。如果你曾经在语言或数学上，或者曾像作曲家一样在音乐方面进行过思考，那么这些练习和它们在类型上是等同的，都是去拓展的你的能力。语言、数学、音乐和建筑，在思维和创造的模式上是不同的，

但同时又是触类旁通的。它们都是我们理解世界的媒介物。它们都需要智慧的实践去达到熟练与精通的地步。语言需要单词和概念；数学需要数字、度量和计算；音乐需要集声音、时间与情绪为一体。而建筑需要的是场地、空间、光线，等等，并通过挖掘和建造去实现。

尽管有时人们会把这些不同的媒介相提并论，但是每个领域还是在用各自的智慧，要求大脑以其特有的方式运行，而后要求在其特有的术语中进行实践。比如，你不可能通过写单词来学建筑，也不可能用演奏长笛的方式来学数学。实践的范围必须是那些你通过相应媒介所获得的东西。

通常在建筑院校中，标准的办法是设定一些题目，让学生去设计一种特定类型的建筑，一个基于指定任务书（方案）的作品：一所学校、一座剧院、一栋博物馆、一栋别墅等等。这是"现实世界"的反映，建筑师通常都是通过一个预设好的类型和任务书，来接受设计建筑物的任务，而建筑主要是通过功能进行分类的。但是建筑不仅仅是类型与功能构成的。它是丰富的而多变的"语言"，超出纯粹实用的范围。本书的练习是要尝试展示建筑领域中更丰富的一面。这些练习不会忽略类型与功能的范围，同样也不会仅仅以这样的形式挑战你，让你设计一座特定类型的建筑物。书中的这些练习最好是作为一种热身来理解：那些正统项目的准备活动或者是与其并行的练习。

以下的练习建立于这种理解之上：在起源上，建筑学是一种关注人类生活及其经验和修饰的人工技艺；而人类不仅仅是建筑"表现"的旁观者，而是至关重要的角色——宣传者、修正者、使用者和参与者。

这里的练习并不是想要说服你去用一种特殊的办法做设计，而是让你通过探索和试验思路，意识到建筑学更广阔的范围。每个练习都可以用你所能花费的时间尽力去做。其中一些不会占用太多时间，其他的可能应该会占用一天的时间去完成。重复练习就会获益良多，每次都会发现新的微妙之处。这些练习应该能让你养成如建筑师一般思考的习惯。

建筑学中没有绝对正确的答案（尽管是不是有许多错误答案尚待商榷）。如我前面所说，做建筑和做加法不一样，你需要一次又一次地重复每个练习，每次得到不同的但同样好的答案。这就是你要做的事情。作为一名建筑师，你不能对创造力无动于衷；你需要去享受着做这件事情。练习就是机遇。如果你觉得这是一件苦差事，那估计你要换一个专业去投入你的精力了。建筑学是一种有着微妙差异的艺术，它需要忠诚，也会有痛苦。"做建筑"的能力并不是一蹴而就的。

绘图（及其局限性）

绘图是建筑师的基本功。虽然获得这个能力是一项苦功夫，你可能会有些抵触，但不能绘图就不能成为建筑师。不过，绘图也是一种抽象概念；无论是在纸上或者在电脑屏幕上，绘图把许多的维度减少到二维。当我们尝试学习做建筑的时候，由于建筑是在三维（如果加入时间就是四维）中运行的，所以绘图在这时会产生一些问题。因此，本书的练习让你用真实的材料去做，或者是小朋友的玩具积木，或者是你在大自然中找到的材料。

学习做建筑涉及一类特殊的方法。它不是一种对于特定的知识体系的学习行为——比如学习历史的史实；也不是遵循一种产生可预测成果的专门方法，比如产生一种特殊的计算公式。学习做建筑最类似于学语言——让一个人的意识（智慧与想象力）逐渐变成经验，学会你可以通过一种媒介来做什么。学习做建筑并不是按说明书去操作。尽管可能存在一些操作方法，会产生一些类型的建筑，但是这些方法会抹杀你自己的想象力所创造的成果。

小孩子开始学语言是作为一种工具，用它来做事情：得到更多的吃的；让别人帮忙开门；让掉到地板上的泰迪熊重新回到自己身边，等等。同样地来思考建筑，思考你能用一堵墙、一扇门、一个屋顶来做什么。先去考虑这些，而后再考虑它们怎么做或是看上去什么样。

练习

下面的练习分为三部分："基础"、"几何形"和"出师入世"。每个部分包含一些练习，每个练习又分为一系列任务。一共 12 套练习，共计 58 个分项任务。

"基础"部分介绍建筑学建立（定义）场所的基本驱动力。

"几何形"部分介绍各种类型的建筑几何形，如《解析建筑》（英文版由 Routlage 出版社出版，2009 年）中的"存在的几何"与"理想几何"所讨论的内容。

"出师入世"部分让你通过在大自然中营造（临时的）场所，把之前两部分已经学习的东西，应用于实际条件中。

插曲与观察报告

在练习中点缀着一些"插曲"和"观察报告"，简短的附加章节，用以图解和更详细地讨论一些在练习中产生的一般性问题。"插曲"通过分析特定的案例来拓展主题的广度和深度。"观察报告"介绍了一些与相关的练习紧密联系的理论主题。

材料与装备

所有必需的材料与装备都会在每个练习中恰当的位置列出来。"基础"和"几何形"部分中的练习涉及使用一些简单的积木和一块平板。"出师入世"部分中的练习会用到你能接触到的真实材料和大自然中的真实地点。

持有一个笔记本

你还需要一个很好的笔记本——如同《解析建筑》中提到的——在笔记本上获得想法，记录并反映在设计中，用草图来进行试验，以及在杂乱的头绪中储存信息，也许这些头绪就会与你的工作非常相关。持有一个笔记本是一件认真而愉悦的事情。你也许会有你自己做这件事情的方式，但至少在一开始你确实需要记笔记。持有一个笔记本是成为一名建筑师的基础。我们学做事，并

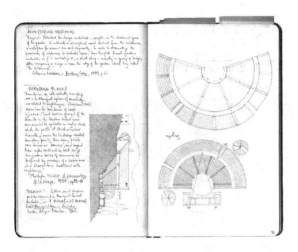

你可以在 simonunwin.com 下载一些我的笔记本

不总是让别人告诉或展示给我们如何做（尽管听与看确实是重要的部分），而是将我们的意识和身体与我们所需的媒介物进行最有效的匹配，或者是发现我们自己能够用它做什么。很小的小孩子会这样用语言。在他们的大脑中，他们搜集单词和想法，然后把它们组合起来尝试去说话。渐渐地，他们的语言就变得复杂。你需要做同样的事情来学习建筑的"语言"。就像是小孩子与想法、单词的关系，你也需要搜集建筑的想法和形式，你可以用它们来表达给他人或在自己的作品中进行试验。但是（与孩子和语言所不同）你不能只在自己的脑中做这些事情。建筑学决定于物质的表达和再现。你需要一个合适的匹配的"试验场"。你的每个建筑学想法不可能每次都能被建造出来，但是你总是可以把它们画出来的。一个平整的笔记本是一个很好的试验场，在其中去搜集和试验那些建筑学的想法和形式。以这样的方式与建筑学对接，你就会提升你在建筑学上的能量和潜力。持有一个笔记本应该会变成一个持续你整个职业生涯的习惯。

创造好的作品

美国诗人艾尔弗雷德·乔伊斯·基尔默（Alfred Joyce Kilmer）（1886—1918 年）写道："我觉得，我读不到一首如树一般美好的诗。"尽管他没有公然否定某人，也许是他，能够写出"如树一般美好的诗"，但是这行诗也可以解释为，人类的创造性不可能与自然之美绝对类比。如果将思维的复杂性放在一边，其本身就是自然的一部分，那么，诗本身就是自然的创造物（！），对于建筑师来说，应该不会同意这种提法。

你可以享受一部电影，或者一首曲子，或者一部侦探小说……但是当你细想这件事情，你会发现你所真正欣赏的是他人思维的创造能力。你怀着别人给予的快乐，看着那些别人的思维所做的事情。你可能会兴致勃勃地看着福尔摩斯（或者是督查莫尔斯）故事中破案的巧妙情节，但是同时你也会更加称赞阿瑟·柯南·道尔（Arthur Conan Doyle）[或者是柯林·德克斯特（Colin Dexter）] 编造故事的本事。你可能会为吉夫斯和"伯蒂"伍斯特（Jeeves and Bertie Wooster）*（或者是《办公室风云》**中的房客们）而发笑，但正是作者 P.G 伍德豪斯（P. G. Wodehouse）[或者是瑞奇·热维斯（Ricky Gervais）] 才应得到绝大部分的掌声。你可能会为《女人皆如此》***

---

* 1990—1993 年的英国喜剧电视。——译者注
** The Office，英国喜剧电视。——译者注
*** Così fan tutte，莫扎特的喜歌剧。——译者注

歌剧中的三重唱的感官享受而眉飞色舞，但你也会赞美莫扎特作曲的微妙与风趣。你可能会为电影《乡愁》*的场景而着迷，但你也会对安德烈·诺科夫斯基（Tarkovsky）的想象力和导演能力印象颇深。

知觉、智慧、想象力、判断力、创造力、巧思、智力技能，人们对这些能力的由衷赞美，实际上蕴含着对于纯粹而真诚的哲学观点、聪明而成果丰富的科学实验、经济而有效的电脑程序、无情而精密的博弈策略等等的鉴赏。同样，鉴赏的对象也可以是一个美丽的、诗意的、创造性构想的建筑作品。

编剧、作曲、导演、发明、创新、策略，这些统统是为建筑而准备的近义词，而且正是这些词汇组成了你需要面对的挑战。你将被要求去创作一首比树更美好的建筑学的诗。而这意味着你要在自己思维的创造性中获得赞美与快乐。

在自己思维的创造性中获得快乐并不是一个被动的活动。这意味着用你的想象力去填充其他人所做的事情；这意味着你需要变得擅长产生丰富的想法；这意味着要理解你所做的事情，所处的文化的、物质的环境；这意味着全面而严谨地思考事物；这意味着要细心而周到地向别人表达你的想法；这意味着自我批判地反思以及愿意去一遍又一遍地重复直到你感到正确为止。

这里没有任何方法能让你做出伟大的建筑。所有这些练习能做的就是引领你进入一个领域，在其中你可能意识到建筑是如何产生的，发现其无限潜力中的一部分。然而，伟大作品的产生除了那些也许有帮助的知识之外，还取决于你本人。

这本练习的书应该与一系列其他的书联系起来阅读——《解析建筑》、《建筑学笔记本》、《门》、《每个建筑师应该理解的二十个建筑》（英文版都由 Routledge 出版社出版）——以及其他许多读物，其中一部分已经列在了本书最后的推荐书目中。

对于建筑学来说，有比本书所列举的更多的练习。但无论如何我希望这些练习能够至少帮助你开始如建筑师一般思考。

西蒙·昂温
2011 年 9 月

---

* Nostalghia，1983 年苏联、意大利合拍的电影，由 Andrei Tarkovsky 导演。——译者注

第一部分　基础

第一部分　基础

最先出现的这些练习要让你发现建筑学最基本的东西。它们会促使你开始去做事情，所以你需要做好准备，找出你小时候曾经玩过的积木，以及你的笔记本和一支头尖的铅笔。

建筑源于思考而成于现实（至少是向着现实的目标）。一名建筑师的目标就是去建造真实的建筑物，用真实的材料，在真实的环境，为真实的人们。为了开始拓展你的建筑学能力，体验是必要的，要尽可能在物质活动和精神活动中去体验。接着，这些活动可以在建筑模型中完成，但你仍然需要走出去——去沙滩上或进到丛林里——收集一些东西并组装起来，建立一个真实的场所（你将会在本书最后一套练习中去这样做）。

即使如此，由于建造本来是一项花费高额和耗时巨大的事情，所以很快你会发现，你的想法不可能全部付诸实践。如果你是一名建筑师，你就需要变得更专业，这样才会有人愿意为实现你的想法而花钱。所以你需要学会抽象地做建筑。你一定要学会理解现实——包括在你的建筑想法中所想象的现实，及其与模型和图纸再现之间的关系。这既需要智慧，也需要实际的操作。

于是，第一部分的练习有两点目标：通过操作真实的材料——你的积木，去发现建筑学最基本的东西；还有就是学习为建筑赋予形式的方法。

生活与成长中会涉及许多的认知，以及给许多身边的事物赋予形式，并学习如何去赋予形式。我们生活在形式中。也许我们第一次接触到的形式是母亲的脸庞，那些被有序地安排在一起的眼睛、鼻子和嘴。而后在我们入睡与醒来的交替模式中，我们渐渐适应了黑夜与白天。而慢慢地我们意识到，思考会用语言中的单词和句子赋予形式。我们会学习绘画，可能一开始是涂鸦，而后渐渐掌握了技能让我们的画看起来像一只猫、一栋房子或者是母亲的脸……最终，我们学会了写字，将我们的语言用字母、词汇拼写成为可视化的形式。在每种情况中被赋予形式的"事物"千差万别。一首曲子是通过发出的声音被赋予了形式；在语言中被赋予形式的事物是被表达的思想，如同声音由单词和句子表达出来一样；对于绘图来说则是，可见的形状由纸面上的二维符号表达出来。

在一个成年人的生活中可以罗列很多这样的例子。我们用数字为数量赋予形式，才能学习数学的规则；视觉的形状不仅仅可以被二维的绘画或制图再现，也可以通过对黏土的塑造或者对木材、石材的雕刻，在三维世界中用雕塑再现；运动可以通过舞蹈或体操赋予形式；逝去的时间会用钟表和日历赋予形式；食谱可以给食物赋予形式；针织可以给羊毛赋予形式；我们用笑话的形式可以让大家发笑；地图可以给城市与土地的格局赋予形式；我们通过科学可以给我们对自然运行的理解赋予形式；记者可以将千头万绪的事件赋予新闻报道的形式；道德可以通过宗教和哲学并落实到法律上以赋予形式；社会关系可以通过友谊或社会组织的结构来赋予形式；我们甚至会尝试通过游戏规则或军事策略的方式给冲突赋予形式。

这个列表只是九牛一毛，生活中涉及了要给各种各样的事物赋予形式。我们通过赋予形式的方法去理解我们的世界。但是，我们赋予建筑学的形式又是什么呢？答案似乎显而易见：房屋。但是接下来的练习会告诉你答案并不是这么简单。建筑学有着丰富的意义。

材料

你需要一套小朋友玩的积木，最好不是那种能拼插的。你可以用这些可拼插的积木（比如乐高）去做一些练习，但是由于它们会遵循严格的几何秩序并且能够连接在一起，这样会消解重力的作用；还是使用简单的积木会使你有更多的弹性，获得对结构的真实感受。（积木也会有其预设的几何倾向——尽管并不那么刚性——我们在后面会谈及。）作为一个用来建造的地板，你需要一个平板——一个大的案板或者一块小的图板都可以。

你还需要一个小人儿，就是你能找到的那种艺术家用的最小号的那种模型人（最好有两三个）。

不要觉得这些开始学习建筑的练习像"过家家"一样；只用这些简单的材料，就会学习到许多建筑学的意义和方式。那个小人儿更是必不可少的。

练习1　没有物质的物质

这个练习中，你将开始探索赋予形式和创造场所的行为，这些行为在所有建筑学内容中处于最核心位置。这个练习说明了建筑的两种基本的物质性：材料和空间。你将会习惯于为材料赋予形式——黏土、纸板、积木等等——但让你给空间赋予形式可能就有点陌生了。

我们试图将世界理解为物体的集合，我们能够看到和摸到的具体事物：一本书、一棵树、一辆汽车、一片叶子、一件毛衣、一片海洋、一套三明治……这些物体包含着具体的材料：纸、木材、金属、塑料、羊毛、水、面包、奶酪……房屋也是由具体的材料组成的：石材、砖、玻璃、混凝土、木板、钛、铜……我们同样也能如其他物体一样看到它们。但是我们理解建筑首要的（也是最较真的）事情是：我们要以对待具体材料的方式去给空间赋予形式。

赋予形式的行为既是精神上的，也是物质上的。简单说：你有一个想法，想要做一个东西，你选择了材料，而后你想把自己的想法用它实现。例如：你想要做一匹马的模型，你选择了黏土，你把黏土捏成了马的形式。但是你如何将想法加到没有任何物质的空间中？

第一个练习会帮助你开始理解空间的想法，以及空间是如何被赋予形式的。它也将是让你继续向前的重要一步。它会给你展示如何给空间赋予与意义等效的建筑学方法，即如何创造一个"场所"。

练习1a　加入一个想法

找出你的积木和一块长方形的板子——300毫米（12英寸）×450毫米（18英寸）较为合适。

假设你回到童年去玩这些积木，把所有积木都倒出来放到板子上。

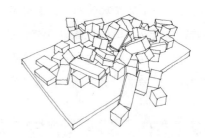

一旦你将积木自然下落，你就使本来没有形式的积木产生了形式。现在你做一件像每个小朋友的父母鼓励他们去做的事情：造出来一座尽可能高的塔。

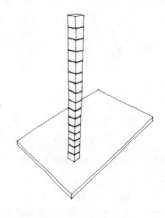

这是你的第一个建筑学想法。尽管不是那么有原创性，但却无论如何是强有力的。塔是不会自己造出来的，宇宙运行中所产生的机遇或者无意识的过程也不会产生这座塔。

这座塔象征着你已经具备了赋予形式的能力：拥有一个想法，而后通过你灵巧的双手，把你的想法施加到具体的材料中——在这里就是你的那些积木。

尽管这种行为是平凡无奇的，但仍然是令人

惊讶的。在你小时候，你曾经有可能被这座塔所展现的力量影响过——你具备了在物质之上施加意愿的能力——而后你推倒了塔，兴奋地大笑；将这些积木还原到一个没有形式的状态（如果另一个小朋友造了一座塔，你也会很小气地破坏掉他的塔）。

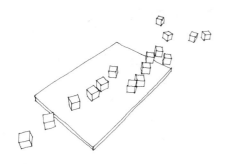

练习1b　中心

你建造了你的塔，塔是一个有形的物体，但同时它矗立在空间中，这个空间是由你的板子所定义的。你可以通过思考在一个特定的地点摆上一个物体的方式，开始将空间理解为建筑的实质。

你或许将你的塔建在了板子中心附近的什么位置，尽管并不是非常准确的一个位置。现在去测量板子上准确的中心位置（最简便的办法是连上对角线），然后重新在中心建造你的塔。

现在你的塔获得一个特殊的、更加有力量的存在。中心是一个拥有特权的位置；相对于任何其他所有的都不是中心的位置，它是唯一的一个空间中的中心是拥有其权威的。

练习1c　（通过物体）定义场所

你已经将你的塔建造在了一个人为的通过测量一块长方形板子所得到的位置。现在设想你的塔是坐落在没有任何特征的广袤乡村中的方尖碑。（在现实环境中假设一个想法对于做建筑来说是基本功。）在这种情况下，没有一个可占据、已定义、可测量的中心，你的塔只能茕茕孑立。

你的塔给了自然景观一个史无前例的中心。它标志着一个场所，处于这个没有特征的环境中的一个特定位置。它建立起来一个参考点，相对于它，你可以知道你在哪里。

停止想象。注意力回到你的板子中心的塔上。

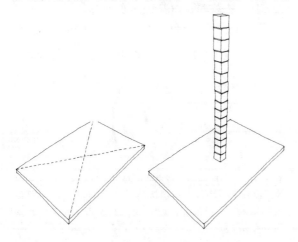

练习 1d　人的介入

下面，找出你的小人儿——最好是那种艺术家所用的模型人。让他站在板子上，看着塔。你做这个事情并不是增加一个尺度感（尽管确实是这样），而是去建造一个塔与人之间关系的模型。

试想你是那个人（通感也是建筑学中的一个基本功）。你在看着这座占据着你的世界中心的塔。这座塔是你所关注的对象。

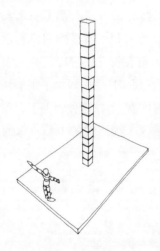

也许你由于塔所显示出的力量而慑于塔的威严，也许你崇拜它；也许你会怀疑它的高傲，想要挑战它的权威，也许会想向它投石块或者毁了它。

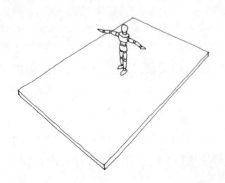

练习 1e　人在中心

毁了塔……把所有东西拿走，把人（也就是你）放在板子的正中央。现在就是这个人（你）占据了这个特权的中心位置。

练习 1f　（通过人）定义场所

现在，如同你之前对塔做的那样，想象自己处于一个广袤的乡村中。

同样，你（如塔一样）建立了自然景观的中心。同样，你定义了一个场所。但是你是一个会活动的中心；你会移动；你需要一间屋子做事情，去居住，去跳舞。你需要空间。

这个人是建筑起一个空间的基本要素。那座塔只是再现了你的存在，将你视为它的创造者。

当挪威建筑师斯维勒·费恩要阐释"人与空间"想法的时候，他画了一幅像上边那样的摹图（1996 年）。你可以在 Fjeld 的书中看到原始版本（思想的模式，*The Pattern of Thoaghts*，2009 年，286 页）

练习 1g　场所圆圈

使用你已经在板子上标记出来的中心点，画一个尽可能大的圆。

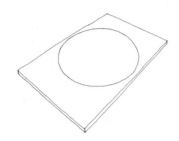

这是你的第二个建筑理念。圈定场所是建筑学的基本功。把它看作一个物体，可以说是那座塔的对立面。甚至那座塔也会在它周围产生一圈场所（参见《解析建筑》，"存在的几何"）。

现在，让你的小人儿站在圆圈的中心。

这个圆圈并不仅仅是一个抽象的几何形（如同你在学校的几何课程中画出来的）。它划定了一个属于这个人的场所。这个圆圈所定义的场所与那座塔是不一样的。它框出了一片场所。而这个人占据了这个作为场所存在的框架（而不是作为一个旁观者）。这个圆圈在实质上定义了这个人的外在环境。这个人不再是一个旁观者（对于那座塔来说），而是一个参与者，参与到建筑最基本的作用中。

当你在地面上（也就是这块板子上）画出圆圈，意味着你已经开始了为空间赋予形式——没有物质的物质。当你框出一片场所，你所画的圆用一条线划定了一个特定的内在与其他地方——更广阔的外在——之间的边界。框出一片场所是建筑学的基本功。而这个框架，无论仅仅是在沙子上画出圆圈还是在真正建筑中的墙体，都作为一种媒介，将内容（content）——占有者及其行为，与语境（context）——更广阔的外在，连接在一起。

地面上的圆圈定义了边界，并且宣称占有这个空间，在真实的世界中，这个空间会被保护起来。场所的圈子可以小到你的茶杯所在的茶托，也可以大到一个国家。在我们的家里，我们都有各自的场所圈子。我们通过这些场所的圈子得以感知这个世界。

练习 1h　门槛

如同划定一个边界，圆圈的这条线定义了一个门槛—— 一个你从室外到室内再回到室外所需要通过的界面。从建筑学的角度来说，门槛带有感性的暗示，它与中心有着同样的力量。

让你的小人儿正好站在圈外，面向圈内。

再次运用你的想象力，进行角色扮演。想象你的感受如何：站在边缘；跨过这条线；进入这个圆圈，在里面绕上一圈，然后准确地站在它的中心。想象这其中的差别：在圆圈外，在圆圈内，还有那种刚刚在线上、处于临界点的奇妙的悬而未决的状态：既不在内也不在外。建筑学就是处理这三种基本状态的。

下面采用多种角色来做这个试验。你已经意识到这个圆圈是一种表现社会关系的工具。首先进入这个圆圈的人划定了这个圆圈并宣称自己有权占有这里。而后你再扮演一个受欢迎的来访者打算进入他人的圆圈中，可能需要得到进入的许可。而后你再扮演一个受怀疑的陌生人、一个入侵者、一个贼，或者是一个进攻者妄图将这个圆圈据为己有……站在圈外的那个人是不被允许进入的，他会被排斥，被驱逐。

再把圈外的人视为一位有特权的人士——一位神父、一位"贵族"、一个男人（或女人）……他**被**允许进入到圆圈里面——跨过这条线。凝视这个人，当前他脱离了由圆圈所产生的世界。想象你是那个拥有特权的、被注视的人。请你意识到这种情感的混合，它由你与建筑简单的（也许是最简单的？）作用关系所预示。你会意识到在地上画一个圆圈会是一个政治的、挑衅的行为；为人类占据的空间赋予形式通常会是这样。你将见证（并且看到操纵的可能）建筑的一部分力量。

在你的笔记本上……

在你的笔记本上……搜集场所的圆圈。把它们用简单的绘图以及标注记录下来，描述它们的位置，它们是如何定义的，它们都包含哪些事物或活动（场所的圆圈必须包含内容）。场所的圆圈不必是绝对的圆形。它们可大可小。

回忆你所知道的场所的圆圈：它可能是你用粉笔画在地上，用来和你的朋友玩石子的框；或者是你和你的同学画出来进行摔跤的场地。

当你在散步时，要对遇到的场所中的圆圈保持好奇心并将其描绘出来。也不需要每一个都画在你的笔记本上。尽可能去画但也要注上那些不容易被画出来的特性：场所的圆圈（比如一个古代的石砌的圆圈）与广袤景观形象的关系；场地的一致性或地表肌理的变化（如同在高尔夫场地中的果岭，就是一个围绕着插着标志旗的洞周围的场所圆圈）。

还要考虑场所的圆圈与在地面上画出来的线有所不同，例如树冠、温度（如在一团火的周围）、声音（如在一个喇叭或音乐家的周围）、气味（如在炉子上烹制咖喱，或者是在一个特别体臭的人周围）、光线（如在蜡烛或在射灯周围）、Wi-fi信号（如在路由器周围）。

注意那些同心圆（如被称为 orkestra[*] 的古希腊用于表演的圆形剧场，与环绕其周围作为供观众使用的看台的更大的圆）或相互重叠的场所圆圈（例如室外咖啡吧的场所圆圈，重叠并包含许多的桌子所形成的场所圆圈，而每一张桌子又重叠并包含每个人所设定的场所圆圈）。

当我们坐在一起围绕着一团营火的时候，我们划定了一个场所的圆圈

一根蜡烛在它周围用光线产生了一个场所的圆圈（或球面）

还要意识到那些对你有个人意义的，或者是对于一些人有公共意义的场所圆圈。在你家你会记得你在什么时间什么地点埋葬了你的猫，同时一大群粉丝会记得什么时间什么地点英格兰板球队打败了澳大利亚（比如 2011 年 1 月在悉尼板球场）。

对于这本笔记本来说，没有任何的时间限制。你可以在二十年后仍然用它来记录那些场所圆圈。作为一位建筑师，以场所圆圈的视角来看待这个世界，理解它们如何或为何产生，这是一项基本功。场所圆圈的建立是做建筑的核心。

---

[*] 原意即乐队。——译者注

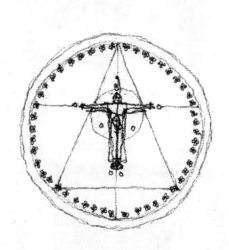

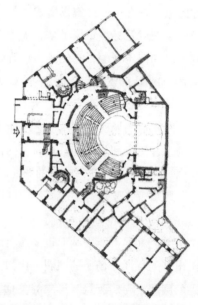

2011 年 6 月 3 日，《卫报》（英国）出版了一张大照片，展示了一个当今哥伦比亚的驱魔仪式。这张图表示了这个格局。这个"着了魔"的人像被"钉在十字架"上，躺在地面上，周围是一个场所的圆圈，由花和一条灰土的线所定义

一个剧场为了表演划定了一个场所的圆圈。这是一张巴黎布菲斯·杜·诺德（Bouffes du Nord）剧场的平面图，一座 19 世纪的剧场，后由导演彼德·布鲁克（Peter Brook）在 20 世纪 80 年代重新改建的。他将原有的镜框式舞台剧场改造成为如圆形剧场一样可以使观众坐在周围的格局（见 Andrew Todd 和 Jean-Guy Lecat：*The Open Circle*，2003）

练习 2　知觉转换

（第1个练习的）塔和圆圈加在一起，给你的建筑学来了一次"大爆炸"。它们宣布了那个"瞬间"，那个思维将一个意志（或断言其意志的终结）施于世界的瞬间。当思维开始介入，世界就改变了。塔和圆圈通过不同的方式定义了场所。但是它们共同构成了建筑学中互斥的物质：物体（具体的材料）和（可占据的）空间。

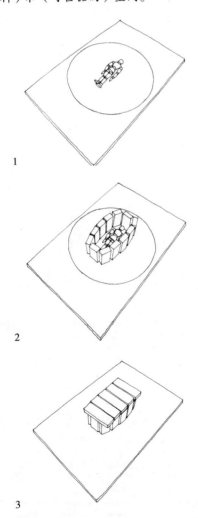

1

2

3

在练习2中，我们将看到，建筑作用下的知觉如何在这二者之间转换。

练习 2a　给一个死人的容器

永久性建筑中最古老的类型要算殡葬用的棺材。我们利用它作为一个简单的例子进行这个练习，看材料与空间是如何在建筑中共同作用的。

首先，将你的小人儿如尸体一样躺在之前画圆圈用过的板子中心（图1）。

用立着的"石块"（积木）在尸体的周围"画"一个"圈"。你死去的朋友并不需要任何生活的空间，所以可以把一圈石头紧紧围绕尸体码上，在必要的地方有弯曲（图2）。这一"圈"石头框住了尸体。用大一点的石头给他盖一个屋顶（图3），殓葬尸体。

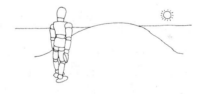

当我们在森林中找到一个土丘，6英尺长，3英尺宽，用铲子将土堆得像金字塔一样，我们会立刻变得凝重，好像有一种声音在说：一个人埋在了这里。这就是建筑——阿道夫·路斯，《建筑》，1910 年（Adolf Loo–*Architecture*, 1910）

让另一个（活着的）人站在板子上，看着棺材。

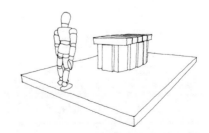

这个人将你的石头构筑物视为一个矗立在地面上的物体。

你利用石头为空间赋予了形式，没有物质的物质。你的目的是定义出一个内部的场所，一个用来占据的封闭空间，在这里是你死去的朋友。但是站在外面的人却将这个棺材视为一个物体；将其理解为对这种具体的材料赋予了形式。这就是一个典型的在建筑的作用下的知觉转换。你生活在你的房子里，在空间中做许多的事情，但是，站在外面的人或者在你的想象中，你和其他人都将房子看作一个物体。

随后我们会分析如何为活人所需的空间赋予形式，但是当前我们还是要停留在为死人塑造的建筑中。

练习 2b　金字塔

许多古代的墓葬都是用土（在顶部）覆盖的，这说明了它们的建筑师将它们更多地想象为一种如同在人工山体中的人工洞穴一样的内部空间，而不是一个物体。即使如此，一个土丘仍然会被视为自然景观中的一个物体。而你的（建筑师的）思维会转换为思考它看起来应该是什么样子的。最初的打算是为一个存放尸体的容器的小空间赋予形式，而知觉转换后，注意力就转到为这个墓穴的外观赋予一个合适的形式。

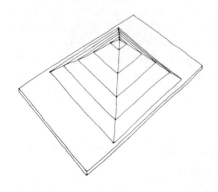

例如，像古代埃及人所做的，你可能会决定把土丘赋予一个理想的几何形状，一个四棱锥的金字塔，外观用成形的石块建造。

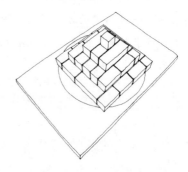

但是这个金字塔可能会被拆除，回到在其中心的一个棺材的状态。

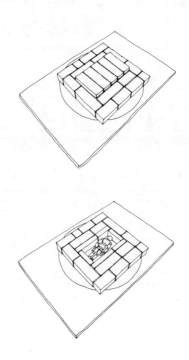

……然后成为一种想象中的圆圈，围绕在尸体的周围……

在金字塔中，坚固的物体已经被赋予了理想的几何形式，但是它的建筑决定于其中心的尸体所占据的空间。注意，在这种空间的形式中，棺材原有的被弯曲的圆圈形状 [像玛丽娜·阿布拉莫维奇（Marina Abramovic）的 "艺术家在此"（The Artist is Present）（见第 23 页）中的围绕在桌子周围的广场一样] 变成了矩形。在矩形中会有人、世界与建造过程的一种形式共鸣。在建筑中，场所的圆圈通常变形为矩形。在之后的练习中，我们将看到更多在矩形、人和建造过程中的关系。

棺材与金字塔是为死人而设的场所。现在，我们将开始探索如何为现实生活所需的空间赋予形式。

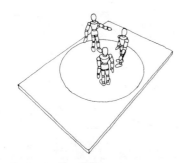

练习 2c 剧场与住宅

重新在这个圆圈中开始。这一次，不是一个静态的（死的）人在中间，而是把活人移到中间进行互动。

在圆圈内部的空间变为一个向公众生活开放的舞台：一个表演的场所—— 一个古希腊剧场；一个竞技的场所—— 一个相扑的道场；又或是一个为仪式、公开辩论或是伸张正义的场所。

接下来，开始将这个圆圈变为一个私人的、有遮蔽的场所—— 一所住宅。我们假设你生活在又湿又冷的天气下，所以要在圆圈中央放置一个火塘，让你的小人儿坐在其周围，相互交流。

火塘在圆圈中提供了生活的焦点；这堆火既可以用来做饭又可以用来取暖。原来的舞台剧场开始成为一个排外的、舒适的聚居地，一个家。你可以想象，在黑暗之中，半球形的光晕和温暖从火中散发出来，人们围坐在它的旁边。

这种最初级的家中的居住者需要私密性，以及比死人多那么一点点的活动空间，所以这一次需要建造一道封闭的墙，至少要和板子上的圆圈

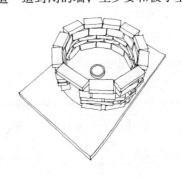

同样大小。死人是被放置不动的；但是那些活着的居住者，则希望在他们的房屋中进出，所以你需要留出一个开口，作为墙面上的一扇门。

现在，试想一种简单的方法来布置室内环境，以容纳居住者的活动。

在这里（图1），我在中心的两侧各摆放了一张床，以及一张为所有居住者共用的桌子。你要注意到每一个物品都创造了一个它的"场所圆圈"，并且都包含在由墙所形成的更大的场所圆圈中。这些东西加在一起构成了一套空间规则的系统（犹如比赛所使用的场地），这种系统暗示着（如果不是明确定义的话），这块空间是如何被使用的。这些场所的圆圈联系着每一个物体及其互动关系：这里有"你的床"和"另外一个人的床"；而桌子在两张床都可以涉及的范围内。这团火给两张床辐射着热量，但被包含在墙的范围内。还要注意到，门洞所形成的其特有的门槛的场所。

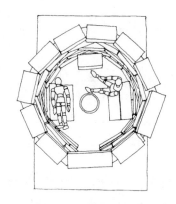

1

当然，你的门洞会有一扇门板，同样房子也需要一个屋顶来遮风避雨。对于这个圆形的房子，屋顶可能会是一个圆锥形的结构，由许多枝条绑结在一起并用茅草苫背（图2）。

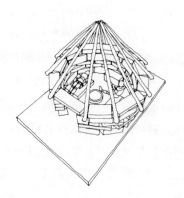

2

一旦有了屋顶，这间房子（图3），如同那个棺材一样，可以从两个角度去看：一个居住者将其视为一个内部的场所，一个躲避外界而获得温暖与安全睡眠的庇护所；而一个从外界看过来的人会将其视为一个在大自然中的物体，并开始琢磨它看起来是否美观，或者是它能否做得更好看（无论哪个方面）。建筑学就是要处理这两种知觉，同时对空间与物体赋予形式。

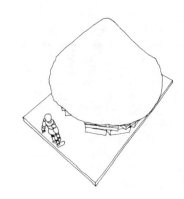

3

插曲："艺术家在此"

2010 年的 3 月到 5 月，艺术家玛丽娜·阿布拉莫维奇在纽约现代艺术博物馆（MoMA）的中庭搭建了一个"表演"的舞台。这个命名为"艺术家在此"的展示，为我们在练习 1 中所探索的建筑学的力量提供了一个非常好的实例。你可以在 www.moma.org/visit/calendar/exhibitions/965（2010 年 11 月）看到"艺术家在此"的更多照片。

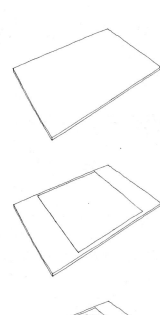

阿布拉莫维奇和你所拥有的那块板子相同的是中庭的地面（图 1）。在这里，她用白线划出了一块很大的方块场地（图 2）。这块方块场地等同于你的那个圆圈，同样定义了场所（图 3）。在它的中心，阿布拉莫维奇摆了一张桌子，像祭坛一样，形成了一个媒介、交流和往来的场所（图 4）。在桌子的两侧各摆上一把椅子，她坐在其中一侧；面对她的是另外一把椅子和一个边界上的开口，就是打开一扇"门"——一个门槛——进入她的"领域"中（图 5）。来访者被邀请进入，和她对坐，每次一个人。其他人在门槛处等待（图 6）。每个人都可以尽可能长时间地坐在这里，只要他能够忍受她的高深莫测（毫不留情）的目光。

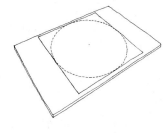

且不说这件事情的其他意义，这样的设置调动了边界、中心和门槛在建筑学中的力量。这块场地框住了这个表演，在一个"祭坛"（桌子）周围创造了一个"神秘的"领域。旁观者和等待的来访者被一条白线限定在外（排斥）。这张桌子，以及桌子两侧的依次进入的来访者和这个艺术家安安静静地坐着，他们共同占据了中心。门槛定义了入口位置，使每一个跨入这个门槛、接近桌子并面对阿布拉莫维奇坐下来的来访者不寒而栗。这些设置本身都是由明亮的光线所框定的。在三个月中每天 MoMA 的开放时间内，阿布拉莫维奇都无动于衷地坐在她的桌子旁。数以百计的来访者屈从于或挑战着她的目光，还有一些人甚至哭了。

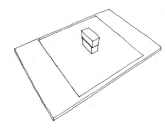

如果建筑学可以类比于语言，那么阿布拉莫维奇的布局可以被视为等同于建筑学的布局，尽管有那么一点点复杂，因为有"祭坛"和门槛，或者可以用绕口令"有猫坐在垫子上"（the cat sat on the mat）来类比。

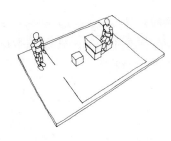

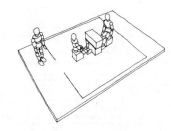

1

2

3

4

5

6

在你的笔记本上……

在你的笔记本上……搜集知觉转换的案例。
找到一个非常小的房屋——一个只有一间屋子
并且住着人的建筑物。它也许是你自己的或者是
在书中找到的住宅。你一定要学会分辨出这个住
宅中的空间是如何使用的。仔细绘制一张平面
图，分析住宅中的空间如何布局；画出家具、地
毯、床……尽你所能画得更精确（尺寸和位置）。
在你的图上标记出不同的区域是如何或可能如何
利用，例如一个用于备餐的场所，或是用于储藏
汽油、睡觉、洗衣服……在你的绘图中描述空间
中的生活。

接下来画一个同样的房屋，将它作为一个物
体矗立在地面上的空间（如使用立面图或三维立
体图）。同样尽你所能画得更精确，注意各部分
的比例关系，包括所有装饰的细节。你也可以记
录建筑物所用材料中不同的颜色和肌理。

问问自己：这两张图中，哪一个更好地表达
了建筑物中的"建筑学"。答案必然是"两者都是"。
只不过这个"对象"的图只能展现外观，而平面
图又只能阐释住宅中的生活。所以，建筑学是同
时关系到这两者的。

你可以对其他不同的建筑物做同样的练习，
比如一座小庙或小教堂。

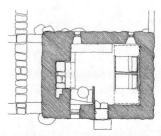

威尔士的这间小农舍作为一个生活的场所被建造来：一个
抵御天气和其他人的遮蔽物。在墙和屋顶所围合的部分，它
拥有一个集合了做饭、吃饭和睡觉的房间。所有这些安排都
与入口、火塘和三个小窗户相关。

这个小农舍可能很漂亮。没有任何堂皇的装饰，直截了当，
却仔细而恰当地阐释了居住者的需求，所使用的材料也恰到
好处，而不是关注于外观。

相比之下，这个农舍的设计却额外地考虑了外观。正因如此
（一些人会这么说）它更像一个"建筑"的作品。但是（另
一些人这样回应）建筑是存在于威尔士农舍的空间组织中的。

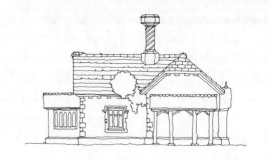

观察报告：表观与体验

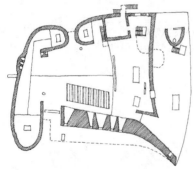

这是一个建筑对空间的组织，也是一个建筑对外在形式的组合。对于外观来说，人仅仅是一个旁观者。对于空间组织来说，人就是一个重要的参与者，舞台上的表演者。

（你一定要记住上面这座建筑物。你还要知道谁设计了它，它在哪以及什么时候建造的。如果你不知道，你可以去找任何一本关于 20 世纪建筑史的书籍。）

建筑学有时看上去主要关注建筑物的表观，包括内部的和外部的。确实，媒体会如此描写，图片、杂志以及建筑历史书也会强化建筑学的这个视角。但是建筑物的审美并不仅仅局限于其视觉的外观。它们还涉及人们对于空间形式的回应。一个人对于空间的体验包括感性的响应——如"存在于中心"、"存在于门槛"、"被排斥"或者"被容纳"，等等；同样还有对特定目的的更务实的空间使用。接下来的练习将展示，建筑学作为一种为空间与材料赋予形式的媒介，拥有比可见的材料形式更加丰富、更加多样的方面；这些方面影响甚至控制了我们如何体验空间，我们如何行动以及我们在不同的环境中彼此如何关联。

衔接以前的练习，下一个练习将介绍建筑学中最为强大的，也是最为常用的空间设置的一个要素——轴线。尽管它也会涉及我们的眼睛，但是这种设置更多涉及关系，而非外观。

练习3　轴线（及其否定）

　　你可能已经注意到了，迄今为止的一些练习中你所做的事情，都会受到各种各样的几何形的影响。我们过后将回顾这些。但在此我们需要先加入另外一个事物：轴线。你可能已经发现它隐藏在你的积木模型中（也存在于阿布拉莫维奇"艺术家在此"的装置中）。在中心和门槛之后，轴线是建筑学最基本的设置之一。尽管它可以被视为一种材料的形式——如穿过人体中心的或者是古典神庙正立面（门廊）的一条线。轴线，诞生于对于门和眼睛（视线）对齐的过程中，它先于空间而存在。

人体的外观有一条贯穿全身的轴线：脚、腿、睾丸、胸、肩、臂、手、鼻孔、眼、耳……每边各一。但是更强大的轴线是从眼睛射出来的——视线。这就是空间中的一条轴线。

练习3a　门的轴线

　　房屋的门建立了一个转换的场所，从外在世界到遮蔽物内。其门槛面向两个方向：向内和向外。

　　让你的小人儿站在门外，向内看。

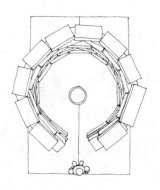

　　这个人的视线穿过门洞，建立起一条轴线，这条轴线连接了人和场所圆圈中心的火塘。

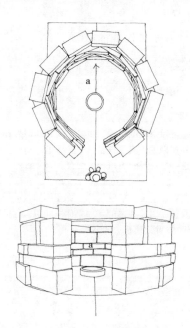

　　门，作为连接两点的过渡点，如同三点一线瞄准的准星一样。轴线也就延伸到火塘以外并碰到墙，它定义了一个直接面对门的重要位置（上图中的 a 点）。从室外那个人的视角来看，门洞成为了这个重要位置的外框，如同进入一幅画一样。

　　由于这个门洞，房屋的空间获得了一个更加

复杂的形式。这个门洞，配合着人的视线，相对于圆圈及其中心，增加了一条看不见的线——轴线。这条轴线是一条视线，其定义了一个次一级拥有特权的场所（相对于中心），一直到门洞对面的墙上的位置。

门洞和轴线在房屋中生成了一套场所之间的等级关系。同样的等级关系也出现在阿布拉莫维奇的"艺术家在此"的展示中（见第 23 页）。

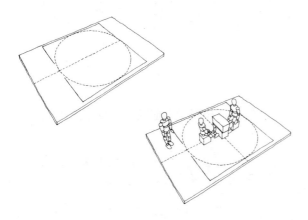

练习 3b 四等分

轴线，无论在你的房屋中还是"艺术家在此"的展示中，都是一条通道的线路。沿着这条线路，一个人可以进入（或者被吸引进入）场所的圆圈。诞生于门洞和眼睛的轴线，引出了一条动线，一条进入原先静止空间的（居中的——圆的或方的）运动路线。在房屋中（尽管火塘是个障碍），这条动线终结于门洞对面的墙体。在"艺术家在此"中，这条动线终结于坐在"宝座"上等待着别人的阿布拉莫维奇。

轴线是你的房屋中室内空间形式的第三元

素，它将空间分为了两半——左和右——暗示着出现一条垂直于原有轴线次一级的轴线。

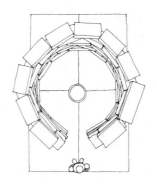

室内场所的布局也关系到这两条轴线，即两张床一边一张，一张桌子在面对门的最重要的那个位置上。

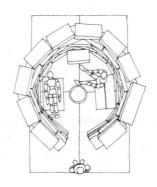

火塘保持着它中心的位置。通过门洞从房屋的圆圈中引出的两条轴线，为室内组织细分出下一级场所提供了一个空间框架。这个轴线的框架为空间的组织提供了表面的"正确性"——一种空间的和谐，这种和谐或许能类比于音乐中大调和弦的和谐，或者是一个简单句的语法规则，或者是一个数学式左右相等的平衡。

练习 3c　关联到远方

去掉房屋中的家具。

把小人儿（你自己）放在 a 点*上，靠着墙通过门洞向室外看去。

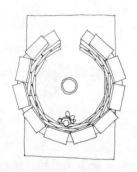

现在轴线作用到相反的方向。它伸向远处，甚至超过你的板子的边界（你的世界），超过地平线。

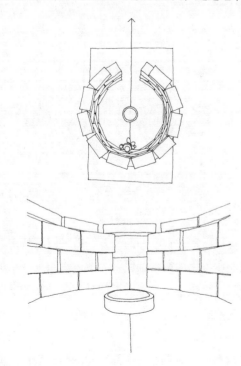

通过伸向远方的轴线，门洞的长方形框出了一张外在世界的"图像"。

这条起始于你的眼睛并连接着门洞的轴线，能够将你的房屋内部（人、火塘，等等）与那些远方事物建立起联系；远方的事物也许是一个物体……

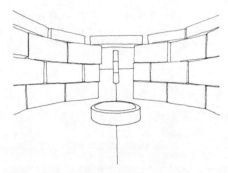

……一座山或者可能是地平线上初升或落下的太阳。

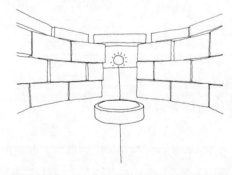

房屋以及门洞成为一个关联的工具。它伸出了一个看不见的"手指"去触摸那些看起来重要却非常遥远的东西。门洞的框架以及轴线加深了远方的重要性。它让那远处事物的影响穿透了房屋的核心。

在轴线的作用下，建筑为空间所赋予的形式可以延伸到墙的限制以外，甚至到无限远。

---

* 原书图中未标出。——编者注

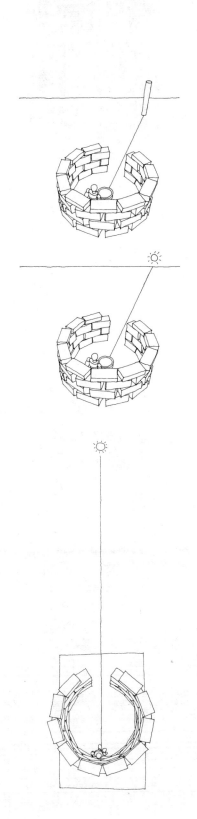

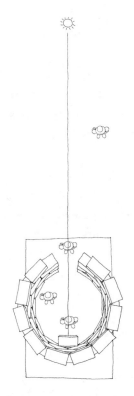

练习 3d　神庙

去掉火塘。把你的小人儿看作一个国王或者一个神祇，同时把你的房子转换一下，从一个民用的遮蔽物，变成一个国王的宝座或者一座神庙。让你的国王或神祇站在祭坛上——一个媒介、交流和往来的场所——由一位神父带领，你已经将这座房屋变成了一座供祈祷、礼拜的小教堂。现在你的位置，无论是内还是外，都可能通过轴线的关系来定义。

这个围墙的简单装置，带有一个门指向一个特定的方向，它建立了一个人（国王或神祇）与远方的联系。它建立起一个中心和一条轴线，与此相关联，让人们知道身在何方。它创造了一个由外向内的空间等级，穿过了门槛，进入室内，到达中心和面向门洞的祭坛。这就是大多数宗教建筑物中所使用的空间形态。

插曲：森林中的小教堂

这座森林中的小教堂矗立在森林火葬场的土地上，位于瑞典斯德哥尔摩的郊区。它由埃里克·贡纳尔·阿斯普伦德（Erik Gunnar Asplund）设计，建造于1918年。

尽管这座建筑物使用的元素比我们迄今在练习中所介绍的元素更多——如柱子、矩形（而不是圆形）、围墙、门廊和台阶（平面图上在圆形中心周围的部分）——你可以在平面图中看到，这个设计是一个关于中心、场所圆圈和轴线的练习。当然，人也是在建筑物中不可缺少的重要建筑学元素。这里包含了遗体（在棺材中，放置在灵柩台上）、送葬者（或是坐在圆圈周围，或是站在中心位置进行最后的遗体告别）以及神父或者官方的司仪（站在祭坛上讲话）。

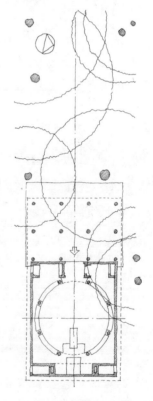

这是一片从森林中开辟出来的赋予了形式的土地，以一圈柱子作为定义（如同古代一圈矗立的石头一样）。一条轴线，面对着西方落日的方向，由门洞、祭坛以及在对面墙上的类似火塘的壁龛所定位。在这条轴线上，场所圆圈的中心也标志着一条竖直的、可以上升到天堂的轴线，以及为送葬者进行告别的一个通用的位置。而灵柩台位于祭坛和这条竖直轴线之间。

这个小教堂的外观是"金字塔"（根据古代埃及陵墓的典故）、"神庙"（以对称的柱子作为门廊）和"森林小农舍"（一个家和遮蔽所的暗示）的混合物。但是这座森林小教堂也阐释了一种诗一般的潜力，它从那些我们可以通过建筑学为空间赋予形式的简单手法而来。

你可以利用你的积木和板子，尝试做一个类似的模拟，来加深对森林小教堂室内空间形式的印象（右图）。你也可以与遗体、送葬者和神父一起置身其中，每个人都在其合适的位置上。空间形式就像你面前的这块板子，形成了一个由人操作或参与的具有庄严形式的"游戏"（葬礼）。

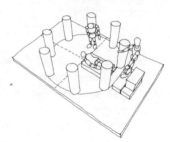

（这座森林小教堂是在《解析建筑》中的研习案例之一。）

在你的笔记本上……

在你的笔记本上……搜集空间中轴线的案例。通过重新绘制平面图，研究其他建筑师（从古到今）是如何在他们的建筑中将轴线应用到空间布局中的。特别要看到中心、圆圈、围墙、门槛和轴线的不同组合方式。分析这些组合方式如何为人们占据空间（如：室内、室外、在中心、在门槛、在轴线上、在焦点上）提供了不同的位置，以及这些位置是如何关联或影响到在此位置上的人所扮演的角色和他所具有的情绪。

你还要发明一个你自己的组合。通过绘图，尝试操作中心、圆圈、围墙、门槛和轴线的不同组合，建立一个等级，试验一下不同的排布方式。反思一下在这些排布方式中人们有可能发生的关系。把你自己想象为一位电影导演，正在操控着演员的身份和情绪。但是并不是用脚本或说明词汇，而是用你的建筑学作品所设计出来的空间暗示。

这些圆圈、中心、围墙、门槛和轴线已经成为宗教建筑和所有信仰的空间形式中的重要部分。本页以及下一页的图所展示的是六个不同历史时期、不同宗教形态的建筑平面图。（虽然这些标签可能会有一些争议……）巨石阵明显是一座异教仪式的神庙；万神庙（Pantheon）原创性地构建了泛神的宗教，但后来变成了基督教的建筑；圆顶清真寺（Dome of the Rock）是伊斯兰教的，但对基督教和犹太教同样是神圣的；圣彼得大

1　巨石阵，索尔伯兹里，约公元前 3000 年

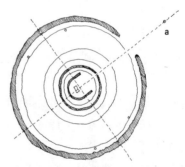

巨石阵包含了一系列同心的圆圈：六圈大小不同的石头被第七圈——一条夯土的沟所环绕。最小的一"圈"张开一个马蹄形，正对着主轴线，而主轴线所指的方向正是夏至日的日出点位置和冬至日日落点的位置，使用一块"脚跟石"*（helestone）（a 点）和一条神路**（avenue）标记出来。尽管这个圆圈是通透的（不是用墙，而使用矗立的石头），但是通过每个门洞（也就是门槛）都暗示着每条路的轴线。在接近但不是圆圈中心的位置，是一块看似祭坛的石头。这种偏心的设置可能是为了让主持葬礼或祭祀的神父或圣徒占据真正的几何中心。

---

*　也作 Heelstone，指那块用萨尔森石头（即 Salisbury 当地的石头）制作的，在巨石阵夯土沟外围神路尽头的巨石。这个名字可能来源于神话传说中魔鬼袭击了"修士的脚跟"（Friar's Heel）而得到了这个古怪的名字。这个名称来源并不清晰，只是最近几十年来科学家们普遍使用了这个名字。——译者注（引证来源：http://en.wikipedia.org/wiki/Heelstone）

**　Avenue，英国考古学家使用这个词，意为一条长而两边平行的带形土地。译者取中国古代陵墓中的类似部位，译为"神路"。——译者注

2　万神庙，罗马，约公元 126 年

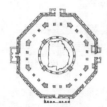

3　圆顶清真寺，耶路撒冷，690 年

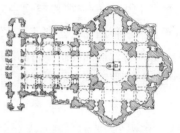

4　圣彼得大教堂，罗马，1506 年至 1626 年

教堂是罗马天主教的；圆厅别墅（Villa Rotonda）是在一个基督教文脉中建造的，但是被阐释为一座人性的神庙；而剑桥菲茨威廉学院小教堂（Fitzwilliam College Chapel）是属于学校的基督教小教堂。每一座建筑都为一个特定的人群或社区提供了一个（统一的）参照点（基准）——石器时代部落、罗马人、穆斯林、罗马天主教徒、人文主义者以及一群特定的剑桥大学生。

所有这些社区（还有更多的）已经找到了场所圆圈、中心、围墙、门槛和轴线这些建筑学的设置，为所占据的仪式空间赋予形式。但是每座建筑以不同方式使用这些手法，产生了不同的效果。

使用分析图（就像我对巨石阵所做的）来分析每一个建筑。尤其要思考是什么东西被放在了每个建筑的中央，以及为什么。还要思考其他的设置（圆圈、围墙、门槛、轴线）在每个案例中为空间赋予的总体形式中都贡献了什么。

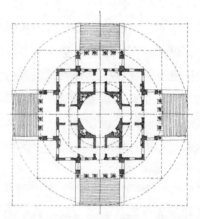

5　圆厅别墅，维琴察，1591 年

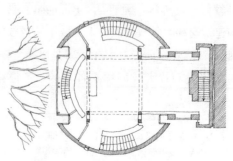

6　菲茨威廉学院小教堂，剑桥，1991 年

（这些平面图并不是按相同的比例绘制的）

练习 3e　一列门洞

在一条轴线上做一列三个门洞。被门洞所定义的轴线，与人的视线相连，可以通过在一条轴线上的一连串门洞得到加强。

从之前的练习我们可以看到，一个门洞建立起一条轴线，这条轴线能将重要的事物或人连接起来（图 1）。对于那个站在门前的人来说，在对面的物体或人存在于"另一个世界"，从而获得了一种附加的重要性或是神秘感。如果这个重要的物体或人存在于不仅是一个门，而是一串门以外，这种异世感就会被放大、加强（图 2）。

这一串门创造了从重要的物体或人（可能是女王或者神的使者）与来访者之间身份的等级关系。它们同时创造了一连串的身份过渡"世界"，这个身份随着接近那个重要焦点而增长。

门洞也会代表一连串阻碍（心理上的或真实的），它只能让某种特殊身份的人通过。

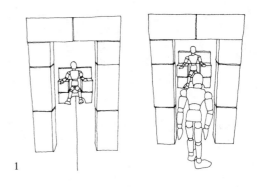

1

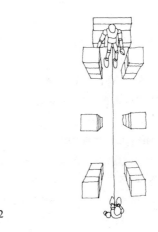

2

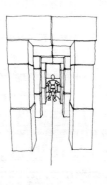

插曲：一列门洞

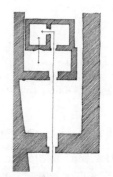

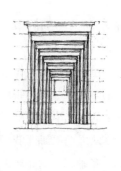

一串成列的门洞暗示着，在一个等级秩序中通向遥远目标或存在状态的一个进程，或者可能是象征性地回归到逐步深入的心灵巢穴（recesses of the psyche）。它们激发了崇敬之情或奋斗之志。通过历史和文化，在神庙或宫殿中我们可以找到一列门洞的实例。一列门洞所提供的前景可能是欢迎的、挑战的或者是拒绝的……它们会暗示一连串的空间，你可能会受邀探索，面对挑战或者被拒绝进入。

一列门洞的象征性力量可以用古埃及卡纳克（Karnak）建筑群中的一个小庙（图1）来阐释。在这个奥西里斯·荷克·杰特（Osiris Hek-Djet）神庙中有一串实际存在的门洞，只有通过它们，一个人（可能是一位神父）才可以确实地进入神庙。这些门洞将人引入了一个带入口的密室，拐一个直角，进入更里面的一个密室——一登峰造极之处。和它平行的另一侧是另一串门洞——一张刻在坚硬石墙表面的图，看上去也同样会带领你进入那个里面的密室。这一连串门洞是一种延伸的幻觉（由于使用了透视），只有死者的灵魂才能从这里进入。

一列门洞也可以在其他一些更古老的建筑中找到。它们的力量只能产生于史前时期。比如在新石器时代的墓葬中有所证明（图2）。这看起来是一个和步步递进状态的理念相关联的，为了去获得一个超验的存在状态，如同在马耳他岛上（更加宏大的）古代神庙塔尔欣（Tarxien）（图3）。这一列门洞使门廊和门洞之后的祭坛形成了高潮（图4），显示了门洞本身在精神上被视为至关重要的物体。这些神庙中的一些门洞有非常高的门槛，这显示了通过这些门洞如同在一条路上的挑战或仪式一样。门槛（如在圆圈中出现的那些）是作为从一个状态转换到另一种状态的一种体验。

1　奥西里斯·荷克·杰特神庙，卡纳克，约公元前900年

2　卡尔恩·欧·杰特墓室，苏格兰，约公元前3000年
3　塔尔欣神庙，马耳他，约公元前3000年

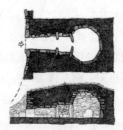

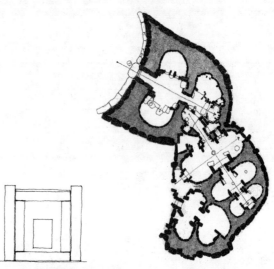

4　采用门洞形式的一块祭坛

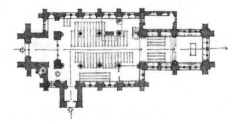

1

在从西立面正门到祭坛的递进式路线的组织中（图1），同样有一组相似的、具有层级次序的门洞和门槛。

一列门洞的联系既可以被认为是连续的浮现，也可以被认为是连续的穿透。在拉美西斯二世的神庙（Temple of Rameses II）（图2）中有一列由七个门洞组成的长长的轴线，这既可以被解释为暗示了到达高潮——第八个假门——的递进式阶段；也可以被解释为供复活的法老灵魂所通过的序列，它可以从那道假门出发重新返回活人的世界。

有时我们看到威尔士王子在伦敦圣詹姆士宫（St. James's Palace）作电视讲话，他会站在门洞中间的一个讲台上（图3）。在他身后是轴线指向其宝座的一列门洞，这就好似王子是从他那与世隔绝的、超凡脱俗的皇室世界中浮现出来向大家讲话的。

一系列的门洞并非必然地暗示一种等级式的递进关系。它们也可能与转换相关，在一个序列中从一个房间或"世界"转换到另一个。

在英国佩特沃斯宅邸（Petworth House）（图4）中有一列长长的房间和联排的门洞。这些门洞都偏向房间靠窗的一侧，留出了每间房子的主要部分供居住者使用（如一个场所的圆圈）。这些门洞可以使你在通过一连串房屋时，感受到每间房屋都有不同的个性与内容。

作曲家弗雷德里克·肖邦在马洛卡岛巴尔德莫萨（Valldemosa）的一个修道院住过一段时间（图5）。这里的一系列门洞会带领你从一个简洁而有冲击力的修道院式的走廊开始，穿过一个小客厅，进入主要的起居空间，而后再通过一条外廊就进入了一个美丽而充满阳光的规则式花园，而花园的四周则环绕着令人惊奇的马洛卡岛北部的全景风光。

（如需更多门洞的能力与现象学解释，请看《门洞》，Routledge 出版社，2007年）

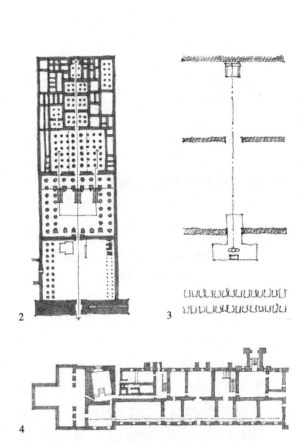

2　　　　　3

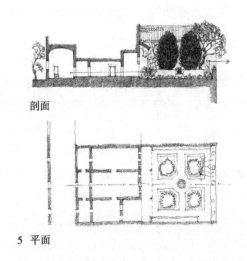

4

剖面

5　平面

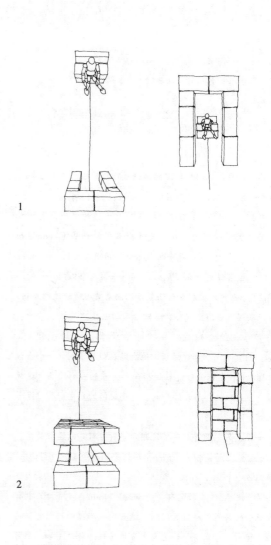

1

练习 3f 反对／否定门洞轴线的权威

门洞形成的轴线本身具有强大的力量，因此也和权力相关联。它拥有一种权力，让注意力聚焦于某个特定的物体或特殊的人士，其表面的重要性也因此而得到加强。它通常也和一个或若干个门槛相关联，其控制着人们对于空间的体验，或者作为一种挑战，或者作为一种纪念，从一个场所或状态转移到另一个。

但有时，作为一位建筑师，你有可能想要控制、削减或否定这种门洞轴线的权力。出于所有创新的原则，当一种强大的、看似主流的主题或观点受到挑战、颠覆或阻挠时，事物可以变得错综复杂。

在绝大多数建筑中，门洞、轴线与聚焦注意力的物体（神祇、名人、祭坛或艺术品……）之间的关系是一种显著的关联（图1）。最直接或者最明显的打破这种关系的方式，当然是去阻挡：或者用一堵墙（图2）放在中间（如图所示）或者外侧；或者插入一根柱子在门洞的正中央（图3）。在这种布局中，来访者（那个接近门洞的人）再也看不到，或者只能部分看到，门洞背后那个可以吸引注意力的物体，而不得不选择另一条进入的路线，而不是沿轴线进入。阻挡是一种组织空间来拒绝轴线的方式，但并不是唯一的方式。

2

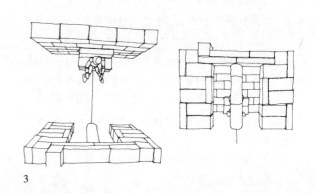

3

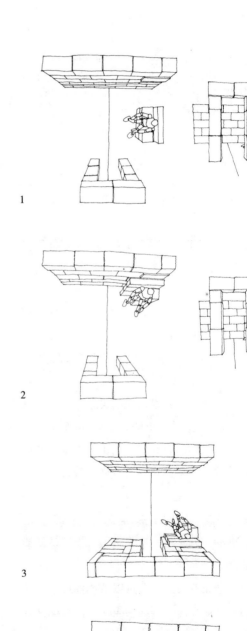

1

2

3

4

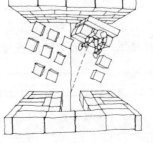

一种方式是不要在主轴线上放置任何吸引注意力的物体，把物体放在一侧（图 1）或者放在一角（图 2），甚至可以就放在门背后的角落里（图 3）。所有这些布局，都是从附着于门洞的主轴线中脱离出来，造成人（此空间的来访者，这些图中你必须想象他就是你自己）与目标物体之间一种不同的关系。

注意，作为对图 2 和图 3 中不对称布局的反应，"宝座"的设计同样变成不对称的。然而在图 4 中，宝座仍然处于对称状态，它将其自身的轴线设置（以及其占有者）在正对门洞的点上。这就是图 4 与图 2 仅有的微差。

这种变换司空见惯，每一种办法都有其微小差别，都是根据以下事物之间的关系：人（来访者）、门洞及其轴线、房间以及房间内的目标物体。在板子上用轴线标记出来，然后用你的积木，摆出尽可能多的变换形式，并且将每一种形式都在你的笔记本上记录下来。

这些是不具有意义的：1. 把吸引注意力的物体堵在门洞里；2. 把吸引注意力的物体面对墙面；3. 放在角落里；4. 把门洞放在不能作为房间入口的地方。尝试发现这些元素其他的组合，使得这些组合不具有意义。

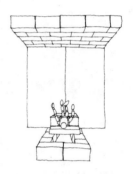

1

练习3g 做一个毫无意义的门洞／轴线／焦点的组合

你已经可以用墙体作为一种工具来操作（或者把玩）人、门洞、轴线、房屋以及吸引注意力的物体之间的关系。下面会展示一些"毫无意义"的案例。

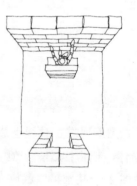

2

把玩空间中这些元素之间的关系，如同在学语言中练习语法一样。和语言一样，一个句子没有绝对正确的结构。有些组合简单而直接，有些则复杂而微妙。但是，和语言一样，所有的句子必须有意义（除非是一些出于诗意的原因）。一些组合是"错误的"，因为它没有意义。所谓意义，如同语言中的，就是指一些你必须去尝试认知或判断的事物。

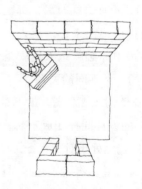

3

做一些毫无意义的组合可以帮助你理解和认知所谓的意义。在这个练习的案例中，目标是开发你对于空间组合的理解力。小孩天生就具备这些理解力，比如，他们会意识到坐在桌子的一头所代表的重要性，或者是有目的地站在门槛处去挑战家长的权威。作为一位建筑师，你必须有意识地去开发这种理解力——拓展你对空间感知的感知——这样你才能举一反三，见微知著。

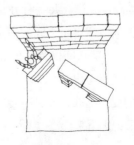

4

在你的笔记本上……

在你的笔记本上……搜集一些建筑师与空间轴线发生冲突（对立、扭曲、拒绝、偏离、逃避……）的案例。去你所体验的建筑物中寻找这样的案例，或者去阅读建筑学杂志或书籍。与轴线冲突并不等同于忽略轴线。你需要寻找的是建筑师有意识、有目的去做的：设定了轴线但却偏离了它；偏离了一条已有的轴线；或者设定了两条不对齐或不重合的轴线。这可能涉及某种需要，即拒绝轴线所暗含的权力，或者引入了另一个力量、影响来偏离、扭曲这条轴线。以下是一些案例。

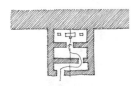

在古埃及，一些停尸用的庙宇会被建成这样：门洞偏离祭坛所在的轴线（上图）。这可能是为了避免祭坛直接从室外被看到（阻断一条视线）；又或者是阻止灵魂逃回到活人的世界里（打断一条路线）。

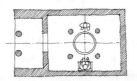

在古希腊，国王的宝座在门洞轴线的一侧。这可能是要避免和一些神圣的事物共用一条轴线并且直接面对；或者当一个人进入的时候，避免了从门洞里直射进来的耀眼阳光。

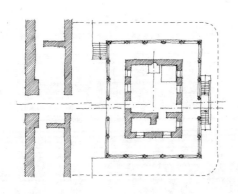

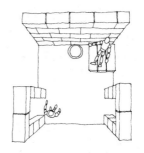

空间感知可能关系到意识形态或哲学观念。在伊斯坦布尔的托普卡帕宫殿的观众厅中，苏丹和来访者的关系由轴线决定，但没有任何人占据这条轴线（这关系到权力），于是苏丹——作为吸引注意力的物体——和来访者同样都各自占据一角。只有火塘放置在大厅的中轴线上。（见《门洞》，54–55 页）

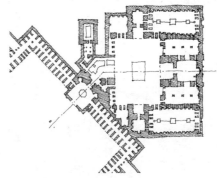

在伊斯法罕王宫，大广场的轴线和大清真寺的轴线是偏离的，因为大清真寺的轴线是朝向麦加的。

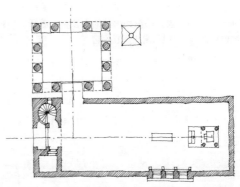

许多教堂是从祭坛主轴线的一侧进入的，通常是南侧。在斯德哥尔摩的西格德·劳伦兹（Sigurd Lewerentz）设计的复活小教堂（Chapel of the Resurrection）的入口是在北侧，这是个与死亡联系的方向。出口在另一个门洞，沿着轴线直指落日的方向。

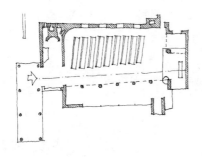

在芬兰的图尔库（Turku）由埃里克·布里格曼（Erik Bryggman）设计的葬礼教堂则有轴线之间微妙的相互影响。门洞的轴线和祭坛的轴线偏离了一个微小的角度。所有的长椅偏在祭坛和轴线的一侧，并且只设置了一侧，是为了让人们看到室外花园的景观。

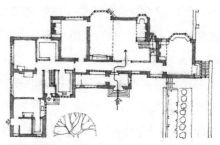

工艺美术运动的建筑师 M.H. 巴里斯柯特（M.H.Baillie Scott）设计了布莱克威尔住宅，一栋位于英格兰湖区的宅邸。他本来可以将入口安排在与庭院、主起居室同一轴线上。但是他却将连续的几道门变换了轴线，偏离了第一道室外大门的轴线，这使得来访者会体验到一种亲和的感觉，没有权威，更像是一座英国中世纪的小屋。

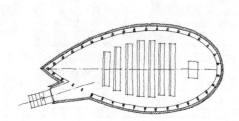

在瑞士的松·贝内迪克特（Song Benedikt）由彼得·卒姆托（Peter Zumthor）设计的泪滴形状的小教堂，把祭坛和长椅的轴线连在一起，但门洞却偏在一边。

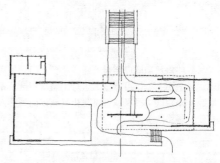

密斯·凡·德·罗（Mies Van der Rohe）在其巴塞罗那德国馆中，通过用墙"画条删除线"的方式，让轴线发生了冲突（拒绝轴线的权威）。这就确保了来访者能畅游在简单的空间迷宫中（巴塞罗那德国馆是《每个建筑师都应该理解的二十个建筑》中的一个分析案例）。

第一部分总结

在第一部分的练习中，我们看到了建筑学是关于赋予形式的学问。通过建筑学，我们为材料和空间赋予形式——没有物质的物质。我们首先会想到为材料赋予形式，塑造一个物体：如将黏土塑造成为一个模型，或者用面团做成一块面包，或者让士兵排成防御的阵型。但是建筑学更加复杂，它同时要为非物质的空间赋予形式。

如果我们将建筑物视为一个物体，把人当作一位旁观者，来赞美或厌恶他所看到的东西。当建筑为空间赋予形式之后，这个人就是一位参与者，以丰富的体验及其所形成的表现与观念完成这座建筑。

当我们将建筑物视为物体时，建筑学处理的是外观，三维的（雕塑般的）组合，可能产生一种与符号般经典事物的关联性（例如建筑物"看上去"像是金字塔、神庙、茅屋或者是一团变形物……）。当我们将建筑学视为赋予空间形式时，我们就正在设置一个可以容纳生命存在的三维空间。空间中的建筑学容纳了人，也建立了行为、关系和体验的框架。

目前在你已经搭建的积木模型中，你可以看到中心、场所圆圈和门槛的力量。你也看到了眼睛与门洞所组成的组合，是如何引出了一条轴线，而这轴线能够建立起远和近的关联，也能够建立起人和在一定距离之内或之外的物体的关联。

在处理空间方面，建筑学是一种哲学，比如，它使事物具有意义。在你的模型中，你已经看到了两种为了理解我们的生活而设置空间的方式。火塘提供了一个日常生活所围绕的中心。房屋及其家具提供了一个有秩序的布局，使得我们在空间上可以理解我们的日常生活；它建立起我们日常生活中所作所为的场所。一栋建筑物的平面布局是以空间作为表达方式，来描述生活方式的一张清单。这是一种无需动词就可以反映生活智慧的实用语言。这种务实的场所组织方式交织并形成了活动、意识和关系的框架。

在神庙中，空间形式凭借轴线体现了宗教的虔诚（无论是巨石阵还是菲茨威廉学院小教堂）。它提供了一种宏观哲学，人们通过它意识到了精神的世界。中心提供了一个注意力集中的焦点——或许是一座祭坛——一个能够定义世界其他位置的参考点。圆圈定义了一个神圣的区域供仪式举行。轴线与中心，或者与相邻的祭坛，或者与远方发生联系，它提供了一个能使人指导他们在哪里的基准。而门洞和门槛，尽管定义了内与外的分界，但也引发了一种（至高无上的）恐惧，从普通的、外界的日常生活转换到特定的（神圣的）内部场所的一种恐惧。门槛同时也定义了一条在包含（成为一员）与排斥（不能成为一员，外人、敌人、被驱逐者……）之间的线。

在之前的这些练习中我们已经看到门洞所具有的权力。我们将它们排列起来建立起一套空间的等级秩序，或者是一套各不相同的空间序列，这些都可以让人有一系列的空间（房间）体验。门洞诱惑着，拽着你进入；同样也激起勇气——让你有欲望从一个地方到达下一个，然后去再下一个。

我们也看到了，一列门洞或者一系列重复的门所引出的轴线，可以给人极其强烈的感受，也会让人产生反对、封堵、躲避、扭曲它的冲动。

在第一部分，我们已经看到了"圆"这种存在的几何形式，包括场所、中心和轴线周边的圆圈。在下一部分中，我们将体验建筑学中各种各样的几何形，以及它们之间所产生的冲突与和谐。

第二部分 几何

第二部分　几何

　　第二套练习所关注的是运用在建筑中不同的几何方法。建筑的每个组成部分都有自己的几何。在真实的建筑世界里，几何按照通常的解释会有六个方向：东（日出的方向）、南（日中的方向，正午，太阳最高处）、西（日落的方向）、北（太阳不能到达的方向）。（对于南半球来说以上描述南北颠倒一下。）还有两个竖直方向上的：下（重力作用的方向）和上（天空所在的方向）。

　　生活在地球表面的人也会有六个方向：前（或向前）、后（或向后）、左（左侧）、右（右侧）、下和上。人们的眼睛可以引出视线，人的移动可以引出路径。尽管人各有高矮胖瘦，但是大多数人仍然在一个相对有限的阈值之内。作为移动的延伸——跨步、提腿、展臂、伸手，等等——也同样局限于相对窄的范围内。所有这些构成了人的几何。

　　当人们组成一个团队时他们会形成一种模式。这是社会性的几何。在那些设定我们行为框架的建筑中，它会回应或设置类似的社会性几何，或是实体的，或是空间的。

　　使建筑被人认知以及连接人与世界的建筑形式，同样有其几何。这些几何会在接下来的练习中被展示，它们主要包括制作性几何（建筑材料所具备的形式、属性和特征，及其对构成的建筑形式的影响方式）和与其相关的设计的几何方法。

　　对于使用理念性几何的冲动——将完美几何形体（正方形、圆形或者立方体、球体等）运用在建筑的形式上——将是接下来这个部分的练习的主要内容。

　　一些本质的几何形式我们已经接触过了：圆形及其圆心；与轴线关联的四个方向（视线）；人的几何形。更多关于影响建筑的几何形的讨论可参见《解析建筑》中的"存在的几何"。

　　在建筑中的几何方法时而和谐，时而矛盾。在一座实际的建筑中，很难将所有不同类型的几何形放在一起仍然保持和谐。不过，在相应的部分中，我们将看到在一些情况下确实可以实现。

练习 4　重合／对齐

在这个练习中，使用你的板子、积木和小人儿（们），你可以为这个世界和这个人建立他们的几何。你也会体验到由几何制作施加给建筑的一些限制条件（例如，实现建筑运行的具体形式——实体的和空间的）。你那些简单的积木并不是真实的建造材料，但是它们也可以带有一些真实材料特性，这些特性使得堆积起真实的建筑物时，必须有在重力的作用下矗立在地面上的可能。关系到这些积木几何形的主要特征有：其（精确的）矩形形状；标准化的尺寸；简单的比例，如1∶1、1∶2、1∶3……

利用练习2中的圆形房子我们可以发现，尝试吸引注意力或者占据优势地位的若干类型几何。

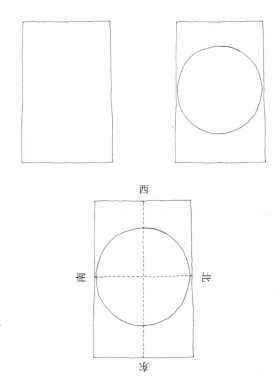

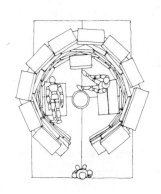

练习 4a　世界和人的几何形

当没有房子的时候，你的那块板子有其自身的几何形。它有四条边；它是矩形；它的上下面是平行的；所有的角都是直角；它是水平的。

你的板子也同样有一个中心，围绕这个中心可以画出一个场所的圆圈。

在你的板子上，两条轴线可以暗示四个最基本的方向，可以作为最简单世界的图示。

你的小人儿同样有其几何形。

人有四个面：前、后、左、右，每个方向可以引出一条轴线。同样还有"上"方向，把轴线拉到天上；还有"下"方向，把轴线按在地下，也是重力所指的方向。

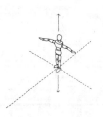

人有自我的、可移动的中心，围绕这个中心，这个人可以画出自己的场所圆圈。

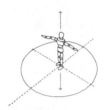

练习 4b　多个几何形对齐

把你的小人儿放在板子上，放在板子的中心上，让人的几何中心与板子的几何中心重合（对齐）。

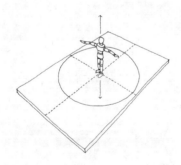

在人的几何与世界的几何之间，这种重合可能有两种情况：站着的人和躺着的人。

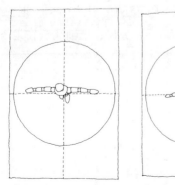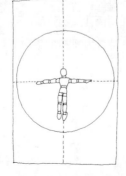

这样，人和板子的中心、轴线以及场所圆圈就全部重合了。

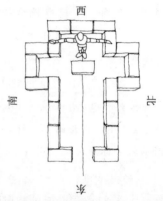

在天主教堂中，十字的几何（其所指的是一个人的几何）与祭坛、建筑物以及（由于建筑是东西朝向的）世界的几何是重合的。

而且，由于这块板子是世界的简化版，我们可以看到，存在这样一种情况，人的几何与世界的几何重合在一起。（这里面或许还有些异议，因为我们是以自己规定的几何去解释世界的。）

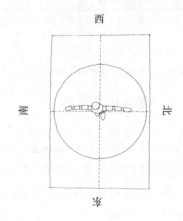

这两类几何的重合还可能发生在人和四个基本方向上——东、西、南、北——而且还有可能通过其他方式获得基准点：如大海宽广的水平面；

一堵墙（例如耶路撒冷的西墙 *）；一个遥远的焦
点（例如麦加的卡巴圣堂 **）；又或者仅仅是你们
家门外的一条街道。

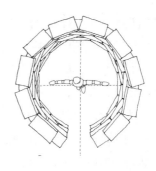

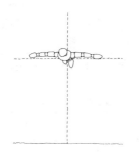

即使你把人从中拿走，这种几何形式仍然体
现着建筑物作为这种重合的一个记录或暗示。

练习 4c　将建筑作为重合／对齐的手段

当你重新在场所圆圈上搭建起房屋的墙体，
留出一个入口的门洞，你会看到你创造了一种手
段，用实体的方式记录并加强了这种重合：在水
平面上，人与其所在世界的四个方向的重合。

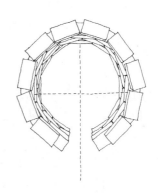

---

* 　Western Wall，Jerusalem，被犹太教信仰者视为最为神圣的位置。——译者注
** 　Ka'ba in Mecca，位于沙特阿拉伯麦加的一座长方体建筑物，被认为是伊斯兰教最为神圣的位置。——译者注

47

在你的笔记本上……

在你的笔记本上……搜集将建筑作为重合／对齐手法的例子。你应该把你的例子画成平面图，按你的需要进行简化。你的例子应该包括那些使人和世界重合起来的建筑，或者其他的使人和另外一些事物发生重合的建筑。你可以从建筑史书籍上找到一些例子，但是你也应该找更多当代的例子，可以从现在的建筑杂志中找，以及在你日常生活中的例子。

你也许在日常生活中体验过这种重合的建筑学力量，但是你也许并没有强烈地意识到这一点。比如，你自己的房子的门和窗户也许就正对着：南边的太阳（在南半球就是北向）；一个海平面的景观；室外的一条公路……你也许在日常生活中就体验过这种重合的建筑学力量：你坐在教室里、讲堂里、剧院里或者甚至是餐厅里。

场所营造和（方向上的）重合是建筑学两种最基本的力量。毋庸置疑你可以在很多大型公共建筑物中找到这些力量。这些力量属于教堂、清真寺或者其他宗教信仰的庙宇。它们也会属于宫殿、议会、工厂或者工作室。

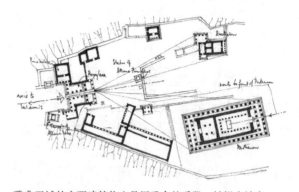

雅典卫城的主要建筑物也是用重合的手段。帕提农神庙——雅典保护神雅典娜的主殿——与东向日出方向重合。而卫城山门——通往圣殿的入口——朝向雅典娜的出生地，遥远的萨拉米斯（Salamis）岛。

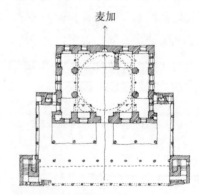

清真寺使礼拜者面向麦加。

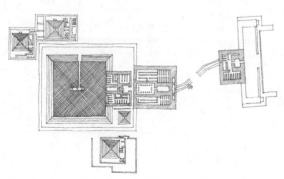

从上古时期，具有神圣氛围的建筑就是采用这种重合手法进行设计的。古代正方形金字塔的四条边，如同指南针一样，与东西南北对齐。东边指向生命的方向——日出和尼罗河；南边指向太阳的最高点；西边指向日落和没有生命的广阔无垠的沙漠；北边是没有太阳的方向。

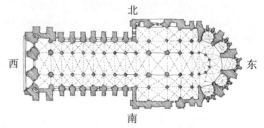

一座教堂要让教徒面向祭坛以及面向世界最基本的（cardinal）方向。

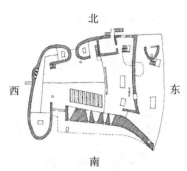

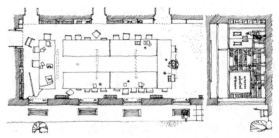

甚至勒·柯布西耶（Le Corbusier）的朗香教堂也满足方向对位，虽然其几何形状并不是矩形的。

用于开会的会议桌也是一种对齐的手段，它与它所在的房间对齐。（这张图所描绘的是一个漫长的会议中我所在的一个房间。右边的一部分拐成横向的。桌椅设定了一个举行会议的框架。主持人坐在画面的左边，与桌子的轴线对齐，这条轴线平行但不绝对对齐房间的轴线——要留出一边供人在桌边走动。注意，连室外的长椅也是与房间和窗户对齐的。这是为了某种程度的整齐。）

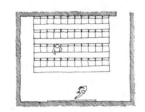

一个演讲厅（剧场、影院……）如同校准器，使观众直接坐在面对讲座（戏剧、电影……）的位置。

练习5　人体测量学

海纳百川，屋容万物——动物、艺术品、家具，甚至是气氛或情绪……但最重要也最具挑战性的则是"万物之灵"——人。人类有自身的形体，也总会触景生情。尽管人各有高矮胖瘦，但是大多数人仍然在一个相对有限的阈值之内；鹤立鸡群的人总是少数。运动时关节也以同样的方式活动。人体的尺寸、运动幅度和速度，成为另一类几何：人体测量学。它不同于我们所在世界或是人在空间中站立时，有四个方向的几何学（两者都是练习4的主题）。人体测量学（对人进行测量）是建筑学中第三类被用于赋予空间形式的几何因素。

练习5a　一张足够大的床

你或许已经注意到了，在练习2我所设计的房子中［以及阿斯普伦特（Asplund）设计的那座森林小教堂中，第30页］，两张床（包括教堂中的灵柩台）对于一个人（或者遗体）来说并不舒服：他们的手和脚都耷拉在床外（或者是棺材两头）。

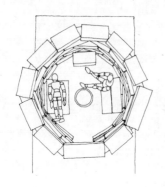

这两张床都不够长；如果想让它够长就要占用更多的空间，这一圈墙就没有足够的空间容纳了。尽管不是一座真正的建筑，但这确实反映了一个几何上出现矛盾的例子。在这个例子中许多因素共同决定这种现象：积木可能有的标准尺寸，我所用到的这个艺术家所用的小人儿模型的尺寸，以及我能在我的板子上画圈的尺寸。

如果需要，我确实可以让床足够长，但是这就会过多占据有限的室内空间。不过在真实的建筑中这种妥协是绝对不能接受的。那么，你该如何缓和这种冲突呢？

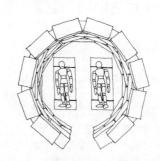

这不过是个示意性的模型罢了，冲突不是现实世界的，我甚至可以说让床再小一点。但是这种冲突确实影响着真实的建筑作品，使得建筑不得不适应真实的人体尺度。

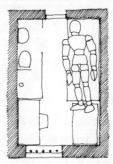

在一些建筑元素中，不能适合人体尺寸范围的现象司空见惯。例如，监狱的房间通常要让空间最为经济。2011年1月的一篇报道说，一个在荷兰被关押的人，在法庭上控诉他的房间太小。他的床宽770毫米（2′6″），长1960毫米（6′5″），对于绝大多数人来说这应该已经足够大了。但是根据律师所说，这个因犯是个"巨人"，宽1米（3′3″）高2.07米（6′9″）。他还总会抱怨，洗手间和淋浴间对他来说都不能合适。

在苏格兰议会议员们的办公室 [由恩瑞克·米拉莱斯（Enric Miralles）设计，2004 年投入使用]，有一种为个人量身定制的窗式座椅。座位与台阶让议员可以有各种使用姿势，可以正襟危坐，也可以四仰八叉。这种窗式座椅是为了让议员们有一个静坐沉思的空间。

练习 5b　测量的一些关键点

我们睡觉用的床，是一个测量人体与建筑可容纳空间的关键位置。此外还有一些。

用你的积木来发现更多的关系：人体的尺寸和各种各样我们所占据的空间中的构件。用你手边所有的积木，以及代表你自己或其他人的小人儿的尺寸，尝试去找到人与以下构件的和谐关系：座椅、写字台或饭桌、售货柜台或备餐台、门洞……

你可以尝试看看这些构件的高度是否刚好。对于门洞来说，要看其净高或净宽是不是刚好合适。不出意外的话门洞的净高和净宽等于床的长度和宽度；它们都能够容纳人体，并且在尺寸上多少都留出一些富余。

当你看到有些建筑的台阶或门洞做得很夸张，或者可能有些会把人（或神）的雕像放大来使用（或者在想象中使用）这些建筑构件；你可能会问这是不是合适的（参见《解析建筑》（英文版）第三版，第138—139页）。

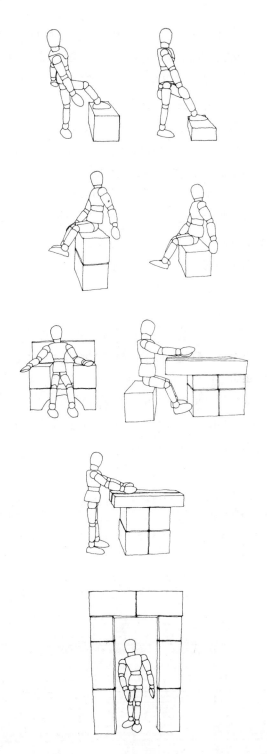

在你的笔记本上……

在你的笔记本上……测量和绘制建筑中关系到人体尺寸的元素。这些元素大多数都是标准的尺寸，还有些可以找到一个有限的阈值。例如，工厂预制的门在一个范围内会有标准的宽度和高度；餐桌的椅子也会有相似的尺寸；对于桌子、写字台、柜台或橱柜也是如此。公共建筑中的台阶会比私人住宅中的相对低一些。

通过你的研究，包括查找制造商的产品目录，来发现那些关系到人体尺寸的构件的尺寸阈值。要估计制作所涉及的公差。你自己亲自去试试；有意识去感受一下这些尺寸。作为一位建筑师，这些尺寸是你在工作中的一部分语言。它们应该成为你记忆中随时可调取的部分。

这些关系到人体尺寸的构件尺寸也许看起来平淡无奇，但是构成了一类重要的方法，让赋予空间的形式与占用空间的人发生了关系。在人的几何形与建筑构件的几何形之间存在一种舒适的契合，否则会出现不舒适的冲突。而诗意与和谐则被注入尺度的微妙控制中。

人们行走的方式关系到其所占据的空间。基本构件的尺寸，如台阶或座椅，是对于人与生俱来的尺寸及其运动能力的反映。

练习6 社会性几何

建筑不仅仅容纳个人，它也要容纳一个群体。当人们聚集起来时会自然而然形成一种特定的几何形。建筑作为对空间赋予形式的手段，也设定和反映了这种社会性几何。

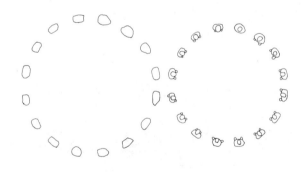

与定义一个中心一样，一个场所圆圈可能就是世界的几何，一个由矗立的石头所形成的圆圈可能预示着一群人围在一起的形式，比如一场葬礼。

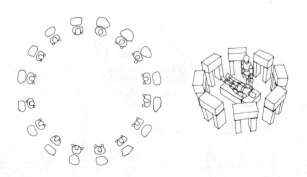

练习6a 一个圆形房屋中的社会性几何

在我们的圆形房屋的空间布局中，由两个占有者建立起来一个社会性几何。床在两边，火塘在中央，他们可以相对而坐，边交谈边暖脚。

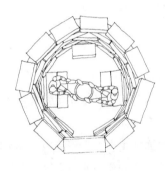

两张床与火塘及桌子（或视为祭坛）具有同等的关系。

假设一个人要进来，那么两个坐在床上的人也具有和来访者同样的关系，并形成了一种以两张床和一个门洞构成的社会三角形（再加上"祭坛"的话就是一种四边形）。

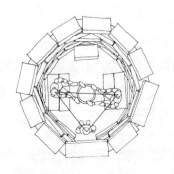

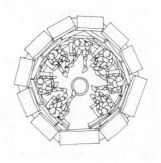

1

我们还可以尝试在这个圆形房屋中形成其他的社会性布局。对比其他方式，圆形能形成许多种社会性几何。我们曾经看过的（在练习3中）门洞轴线在对面的墙创造了一个重要位置。坐在那，你（你的小人儿）就占据了一个统治性地位。所有将要进入的人都要与你直接面对（图1）。把你自己想象为刚进来的那个人。

既然对面那个人占据着宝座，你可能会选择在门洞轴线的一边坐下来。在这种情况下，原先的那个人可能会移动到和你对面的位置上，二者都能享受到来自门洞的光线而获得更对等的位置（图2）。

2

这个圆还可以聚集更多的人，可能是集会讨论问题或者分享趣事。在这个圆圈里，每个人相对来说是同等的（图3）。

3

如果再有一个人从门洞进入到这个群体中，他就如同是一个演员上台来为观众们演出（图4）。尽管"舞台"区域有点小，但这确实与剧院非常相似，门洞就如同是"出将入相"的门廊。这也像是个教堂，门洞就是圣坛；或者是在清真寺里面，门洞就是米哈拉布*。

4

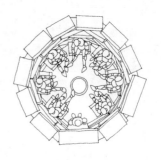

* Mihrab，伊斯兰教的圣坛，如嵌入墙体的圣龛。——译者注

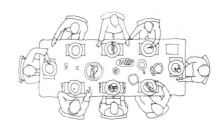

1

练习 6b　建筑可以形成的其他社会性几何的状态

思考一下，一群人如何能将自己的情绪反映施加于其他人，以影响到他们对于自身状态的感知，或者和其他人关系的感知。

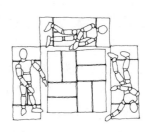

2

我们已经看到了玛丽娜·阿布拉莫维奇的"艺术家在此"（第 23 页）以及在笔记本中的练习"几何形重合 / 对齐"（第 49 页）的例子，一张桌子可以成为建立社会性几何的工具。在"艺术家在此"的例子中，那张桌子缓和了阿布拉莫维奇和她的来访者之间的对立。一张长条的餐桌建立起占据主导地位的端头座位，与邻近端头的座位，以及中间每个座位之间的关系（图 1）。罗马时期的用餐的社会性几何不同一般。顾客们斜倚在被称为"三面榻"（Triclinium）的长榻上（图 2），从中间的餐桌上够取食物来吃。

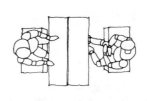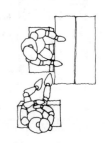

3

医生在其诊室中，通常会避免由于坐在桌子两侧而与病人直接面对，而通过在一侧摆放椅子来让病人坐在侧面（图 3）。

一个门洞（图 4）设定了人们会面的点。它作为两个世界的连接点，并且连通了内外相互间的眼神对话。

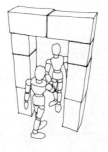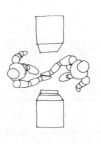

4

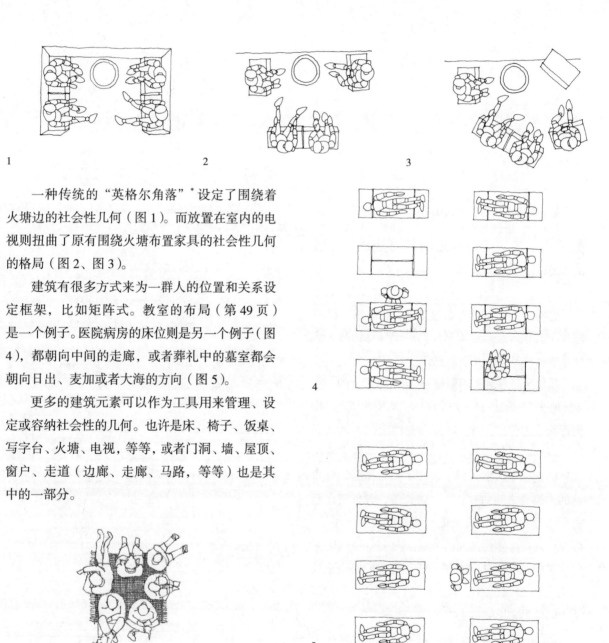

1　　　　　　　　2　　　　　　　　3

4

5

一种传统的"英格尔角落"*设定了围绕着火塘边的社会性几何（图1）。而放置在室内的电视则扭曲了原有围绕火塘布置家具的社会性几何的格局（图2、图3）。

建筑有很多方式来为一群人的位置和关系设定框架，比如矩阵式。教室的布局（第49页）是一个例子。医院病房的床位则是另一个例子（图4），都朝向中间的走廊，或者葬礼中的墓室都会朝向日出、麦加或者大海的方向（图5）。

更多的建筑元素可以作为工具用来管理、设定或容纳社会性的几何。也许是床、椅子、饭桌、写字台、火塘、电视，等等，或者门洞、墙、屋顶、窗户、走道（边廊、走廊、马路，等等）也是其中的一部分。

在沙滩上，一块垫子形成了社会性几何。尽管它很小，它却可能制造出背靠背发散式的几何。

---

*　Ingel-nook，苏格兰传统壁炉布局方式，缘起于一种附加在室内的封闭火塘区域。Ingel-nook 是新英格兰建筑风格（shingle style architecture）的主要特征。——译者注（引证来源：http：//en.wikipedia.org/wiki/Inglenook）

插曲：唱诗班座位

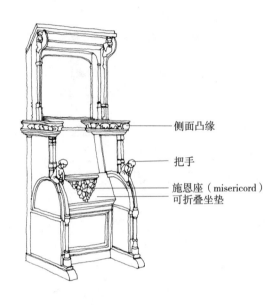

侧面凸缘

把手

施恩座（misericord）
可折叠坐垫

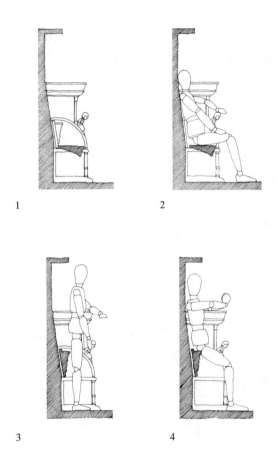

1

2

3

4

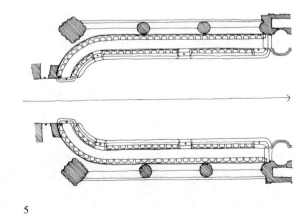

5

　　大教堂里面有唱诗班的座位。在一些实例中，这种独立座位的设计能够满足不同姿势的人体形态。这些座位根据坐姿、站姿和半站半坐的人体测量学而设计。它是这样实现功能的：一张可以上下折叠的坐垫，坐垫下方安装有一块更小的突起，被称为"施恩座"（misericord）；边上的把手 [可能是个智天使（cherub）的形象] 在站起来时很有用；侧面凸缘的部分可供站立时倚靠。很多唱诗班成员可能已老迈年高、颤颤巍巍，所有这些装置对他们来说极其有用，可以让他们更舒适，这是对他们提供教会服务的一种报答。

　　当座椅落下来时（图1）可用于一般坐姿。把手可以帮助唱诗班成员支撑起身体成为站姿（图2）。当站立时，侧面凸缘（图3，位于肘部高度）可以让唱诗班成员有物可依，让脚上少一些重量，使长时间的站立更轻松一些。施恩座提供了一个很奇特的突起，让那些人看上去是站着，而实际上重量都从那个小突起上传给座椅了（图4）。

　　一个唱诗班同样也是建筑提供社会性几何框架的案例（图5）。唱诗班成员们按部就班地坐在座位上，组成一个团体共同面向祭坛（未在图中画出）。

在你的笔记本上……

在你的笔记本上……思考并寻找其他由建筑所设定的社会性几何的状态。去寻找和你的试验积木对应的真实案例，当然并不仅限于此。社会性几何来源于人们聚集起来进行公共活动时所组成的一种模式。建筑设定了这些模式但同时也可以进行修正、压缩或者排序，让他们在空间中获得意义。

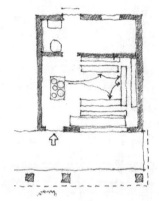

这家印度南部喀拉拉邦（Kerala）的小餐厅设定了社会性几何，人们在享用着厨师送来的美食。

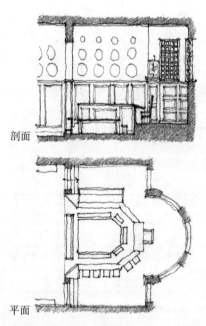

剖面

平面

一间法庭要设定听证和判决的程序。每一位参与者——法官、控方律师、辩护律师、陪审团、嫌疑犯，等等——都要各归其位，被放进建筑的三维空间中。

电话转接中心，在这里人们在电话前工作并回答各种问题，仔细的安排可以优化使用空间和布线的形式。几何式的布局是最经济的。工作台也根据人和电脑的关系而设计合适的形式，还可以避免屏幕引起邻桌同事"八卦"的欲望。

练习 7　制作性几何

目前你用积木所做的所有模型都基于两点前提：所有竖直方向上的重力是垂直于你水平方向的板面的（图 1）；另外，积木自身是矩形的，这可能因为是一个模子里出来的（图 2）。比如积木通常的比例会有：1∶1、0.5∶2、1∶2、0.5∶3。重力与建筑构件的几何形构成了几何制作最基本的前提条件。

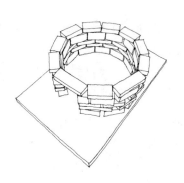

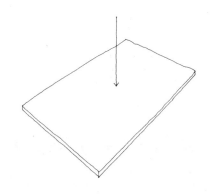

1

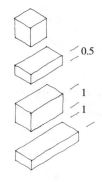

2

练习 7a　建筑构件的形式与几何

在练习 2 中我们已经建成一座圆形的房屋。现在我们按照几何制造学来评价一下它，或者至少评价一下围护墙体。

板子提供了一个用于建造的水平面。矩形的积木具备平行的上下底面，这样就可以一皮墙接着一皮墙稳固地堆砌在板子上。你可以用多种长度的积木来相互"搭接"——每块都跨着搭在之前一皮墙的两块积木的上面——这样可以更加稳固。最长的那块积木（0.5∶3）决定了你的门洞的宽度。以下这些都是决定几何制作的若干方面的因素：竖直的墙体对应竖直作用的重力；每一皮规则的墙身都关系到砌块的尺寸；错缝搭接的稳固性；以及门洞的宽度取决于过梁的长度。但是有一点可以看出，这一圈圆形墙的几何制作是一种妥协。如果你俯视这圈墙，相对于一个近乎完美的圆形，你可以看到矩形的砌块并不能组成规则而完美的圆。就像圆洞围了一圈方形的桩子一样，在矩形的砌块和圆形的墙体之间有一个微差。在内侧搭接得非常少，而在外侧又会有突出

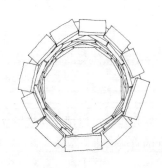

59

的部分。砌块不具备延展性，也就不能弯曲成型，因此想要围成一个圈就不得不妥协。

而建造一圈完美的圆形墙体，我们要把砌块砍成这样：上下底面仍然平行，但在平面上看是首尾相接的——同样的半径。如果你有时间，可以把每个砌块都砍成这样。

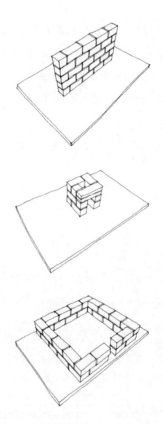

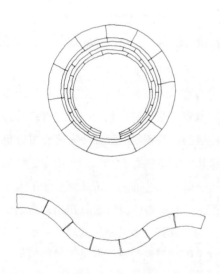

砌块首尾相接就可以形成完美的圆形。但是这些砌块只能用于这种特定半径的墙。这是特制的，而不是标准的，也就不能通用，只能用于一些特殊情况中。我们可以用同样的砌块做成波浪形的曲线墙（上图）。但是要做成直线墙体，则会出现与使用矩形砌块砌筑曲线墙一样的问题。

这就意味着如果你有一批标准尺寸的矩形砌块，你几乎可以围成任意尺寸的墙体。你不需要专门去"砍砖"了。这就是延续了几千年的想法，基于最基本的、常规的尺寸，由黏土或泥土烧成的砖块，或者是由石材切分成石块，就可以通过堆砌成为建筑。

规则的矩形砌块可以用于砌筑任意长度，围合任意尺寸的直线墙体。

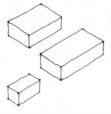

泥土砖或黏土砖在不同的文化中被制作成不同的尺寸，但是其规则的形状和统一的尺寸使不同尺寸的围护墙体的建造变得简单。

尝试用你的矩形积木尽你所能搭建一个完美的形式。注意你的那块平板作为建筑的基础是多么的重要。如果它是斜面，那么墙也不会是竖直的，也就不可能与重力的竖直方向一致；如果斜得更加过分，墙甚至根本无法矗立起来。如果你的基础凹凸不平，你肯定没法砌筑一皮平整的墙，整个墙体也会七扭八歪、摇摇欲坠。

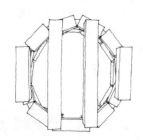

练习 7b　在你的墙上放置屋顶或楼板

现在尝试在你的圆形房子上放置一个屋顶。暂且一个平屋顶即可；你也可以想象它是上层楼的地板。你需要把屋顶或楼板做成两层：一层结构梁，然后是一层屋顶或楼板本身。

首先你需要将一根梁横跨圆的两边。你可能要把几片木板切成需要的长度，或者你可以把几块小一点的积木粘在一起。

然后你可以在梁之间铺上小一点的砌块，如同屋面或地板。尽管不会千篇一律，但世界上的屋顶和楼板大多数都遵循这样的几何制作。

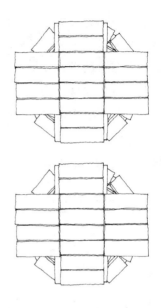

然而你会发现直接铺设横梁的问题。横梁不得不被切成不同长度，而楼板（当然是在我们的简化模型中）也不能完全覆盖这个圆；总会有一小部分没法被覆盖。同样的问题也会出现在真实的建筑中，尽管不是不能克服的。用原本就是矩形的构件去覆盖圆形的空间，总会事倍功半。

在练习 2 中我也曾提到过，一个圆形的房子可以用锥形的屋顶来覆盖，尖顶可以更好地防雨。

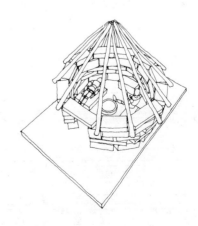

从古至今，圆形的房屋都是用类似的方式来做屋顶的。但是这种方式比起最初级的平屋顶，确实需要更复杂的设计以及工匠们更扎实的技能。它要比我们在这里看到的结构复杂得多——把椽子（如图中所画的）绑扎在一起形成结构。

你会看到可以更容易搭出更加紧密的效果。梁都是同样的长度，楼板也是标准化的。这就是几何制作的原则，决定了我们所住的房屋绝大多数（当然并不绝对）都做成矩形的房间（尽管楼板并不是像我们所做的只搭在两根梁上，而是横跨更多梁）。我们在这个练习中所阐释的这种原则，适用于木结构，也同样（广义上）适用于混凝土和钢结构。

当然，平屋顶在防雨方面有劣势，除非我们要非常仔细地做好防水。但是同样的基本原则也会用在屋架所形成的坡屋顶中（参见下面的插曲）。

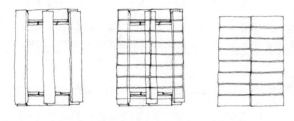

练习 7c　平行墙体

现在我们尝试着把同样的平屋顶搭在一对互相平行的墙之上。

插曲：一个威尔士小屋

右图所示的是一个17世纪末、18世纪初的威尔士小屋。外墙使用石材，地面、屋架、内隔墙和门窗都使用木材。由于玻璃在当时还不能大规模使用，窗户用板条分格保证安全，窗板可以从室内关上以防风雨。

在图示中我们剖切开部分屋顶。你能看到，尽管我们说房屋设定了生活的场所(如分隔成两层以及不同的房间)，但是其形式却完全取决于制作性几何。墙体互相平行，两榀屋架横跨两头。靠近我们的这一榀也决定了楼上木板隔墙的位置。这些屋架与山墙共同支撑每边两根檩条，而后檩条再支撑所有平行、等长铺设的椽子，这些椽子则需要支撑挂瓦的板条。

你也会发现，内隔墙、楼板和窗户也都在形式上取决于制作性几何。唯一会带一点"美学"几何（暂且如此说）的就是位于屋架和檩条之间对角线的"风撑"（wind brace）——图中并未完全画出。这是用于加强结构的防风性能。它们像被"咬"了几口（那几"口"都咬在风撑的边缘），成为装饰。另外一些用于装饰的屋架也同样被"咬"了几口。

右下图是一个这类小屋的典型平面图。墙体很厚，部分原因是为了在不规则的石材（并不像你的积木那样标准化）堆砌中保证稳固性。最大的房间中的虚线显示的是上层楼板的主梁。它支撑了安装楼板的、与其垂直的次梁。

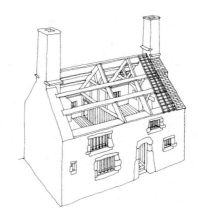

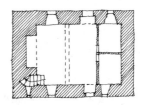

左下角的楼梯位于火炉旁。窗洞的边柱（侧面）呈八字形，为了让更多的光线进入，而同时保持外侧狭窄的开口。

[这些图示基于彼德·史密斯（Peter Smith）的原图绘制——见《威尔士的住宅》，1975年]

观察报告：思考圆形

建筑是不同类型的几何争胜的竞技场。当然并不是战场，因为几何之间自己不会争斗。但是所有这些不同类型的几何都摆在建筑师眼前，建筑师就要在设计中作出选择，究竟哪种几何应该排在优先的位置。

我们目前在练习中所接触到的几何形有（我们还未全部接触到所有的几何）：

● 场所圆圈及其中心；

● 世界的几何，及其四个水平方向、两个竖直方向；

● 人的几何（作为一个整体，及其四个方向）；

● 由门洞生成的轴线；

● 几何的重合；

● 人体测量学（人体部位和运动中的几何）；

● 社会性几何（人们聚集起来形成的几何）；

● 制作性几何（有关建筑构件的尺寸和重力的永恒作用）。

我们还将有（至少）两种以上的几何将在后面的练习中出现：理念性几何；复杂的、分层的、变形的、扭曲的几何。

当我们分析一个建筑作品时，我们会发现这些几何相互间或是叠加，或是排斥，时而冲突，时而共鸣，也会风马牛不相及。让建筑学中五花八门的几何统统和谐共存，这似乎是天方夜谭。所以在建筑作品中会显示出这种预设，即由建筑师对一种或多种几何给出选择和优先级排序。

脑子里有了这根弦，我们就能来评价一下圆形是否适合作为建筑平面中的形式了。在我们目前的练习中，圆形会遇到一些问题。它很好地体现了场所圆圈及其焦点式的中心。它也很好地与人的几何——四个水平方向、两个竖直方向吻合，因为人眼可以全景式地扫描它周围的世界。圆形也可以很好地对应于人群所组成的社会性几何。但是我们现在也看到，圆形与其所容纳的家具的几何以及制作性几何有所冲突。

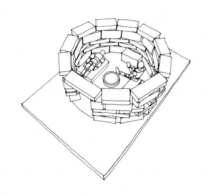

练习 7d　现在重新设计这个圆形的房子……

……根据不同类型的几何，尤其是要根据制作性几何。

圆形的房子（图 1）原先准确而直观地代表着我们所生活的场所圆圈。其中心的火塘曾经是这个方寸之地的核心，而墙体可以隔离外界所有的纷扰与威胁。但可惜家具并不合适，并且考虑到制作性几何，我们更容易理解，还会和砌墙的方式、搭屋顶的方式都产生矛盾。

现在我们重新建造这所房子，按照矩形的砌块所"要求"我们做的，在某种程度上屋顶也更好搭建（无论是平屋顶还是坡屋顶）；例如，我们把房子做成矩形（图 2）。即使是考虑到错缝搭接的问题——也就是每一块砌块都要搭在下面两块之间（位于缝隙之上）——我们依然能得到更好的、更密实的效果。而那些适合人体尺寸的家具也很好地与房子配合起来；矩形的床和矩形的屋子可以和谐共处。

中心的火塘确实仍然要放在当中，所以我们就把它挪到最远端壁炉的位置（图 3）。如果合适，

1

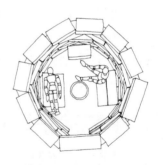

2

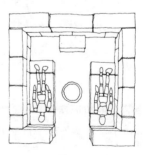

3

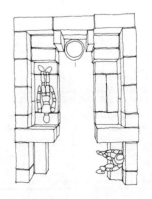

65

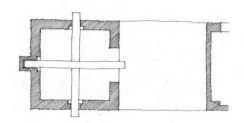

瓦尔特·皮希勒（Watter Pichler）为巨大十字架所设计的教堂平面，显示了矩形围合与四个方向的关系。在基督教象征意义下，这种关系同时体现出其诗意的潜力

居住者可以把桌子放在床头的角落里。门口实在太暴露了，所以我们延长侧墙加一个门厅。这也许能营造一处惬意的场所，每个早晨坐在初升的阳光中，每个夜晚睡在温暖的屋子里。尽管房子仍然很简陋，但矩形的已经比圆形的更加完善了。

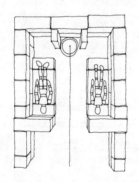

在这个简单的矩形房子中，门洞的轴线仍然具有和圆形房子一样的力量，只多不少。

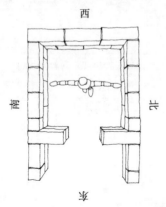

矩形的房子看起来更好地对应着世界与人的四个方向。即使人在移动而变换方向，但四个方向的基准点却总是一致的；这被称为"正交"（quadrature），这在世界各种文化、各种建筑中都是永恒的主题。

我们很容易理解将门洞朝向日出的方向，这样阳光可以温暖、照亮房间。而其他的墙面则朝向北、南和西。如此，矩形的房子就成为了连接和引导人们面向世界、面向广袤大地、面向太阳东升西落的一个框架。一栋简单房子的建筑学意义，是可以将人置于特定的时空关系中，这种理解方式会给人一种心理上的吸引力。

顺便提一句，我并不清楚为什么我的矩形房子中的居住者躺在床上，头是冲着门口的。也会有另一种同等的情况，就是头朝火炉。你会选哪种呢？

朝南的房子和朝北的房子给人的感觉完全不一样。朝西的房子会面向日落，而不是日出……并且带有一些诗意的韵味。

最基本主题的多样性会给建筑带来微妙变化。

插曲：科罗威人的（Korowai）树屋；范斯沃斯住宅

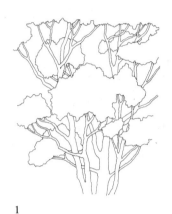

1

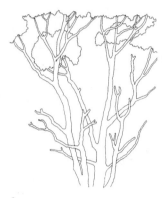

2

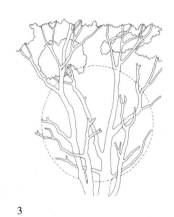

3

巴布亚岛西部的科罗威部落都在树梢上盖的房子里住。这些房屋算是建筑学几何的诸多形式之一，但却在制作性几何方面尤其特殊。

首先"建筑师—工匠"需要挑选一棵树（图1），然后清理周边以获得空间和阳光。接下来他们需要削减一些上方的枝条，一方面是防止在大风中树冠的摇摆，更主要的是为房屋腾出更大的空间（图2）。科罗威人选择在树枝上建立一个场所的球面，而不是在地面上画一个场所圆圈（图3）。

他们需要修剪一些枝条，保证能够支撑一个平台以构成房屋的地板（图4）。这个平台要完全水平，它形成了房屋的地面——一座平台——为居住的人们所占据。它用平直

的木片编织成网格，尽可能整齐地码放，各层之间相互成直角。一张间隔稀疏的爬梯，连接着房屋的平台和地面。

墙体和屋顶的框架就建在平台上，形成可以排水的坡度（图5），同样用木片编织成的网格搭建。墙体和屋顶用草泥涂抹，保证防水和防风（图6）。地板用展平的树皮，大致规则地铺设出来。

房屋建成之后第一件事情就是在房屋中心点一把火（！），将其视为一种使用，形成一个家。科罗威人的树屋由若干种几何规则共同决定：场所圆圈（球面）以及火塘的中心；爬梯和房屋的人体测量学尺寸；更基本的原则是，相较于自然树枝不规则形状，制作性几何采用平直的木板形成的规则框架。

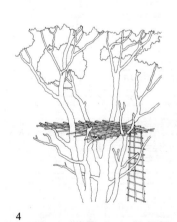

4

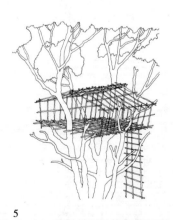

5

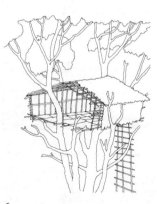

6

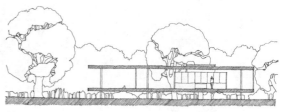

剖面

制作性几何并不仅仅局限于使用木材、石材或砌块等传统的建造方法。万有引力对于各种材料一视同仁，轧制的钢材或平板玻璃也无法逃脱。密斯·凡·德·罗设计的范斯沃斯住宅是个很好的例子，在其设计中严格执行了制作性几何原则。其结果是相互正交的杆件形成了三明治式的平面，空间位于两个平行平板——地板和屋顶板之间。柱子将两个平板撑开，并形成相等的开间，支撑长条的梁沿水平方向伸展。在地板与屋顶这两条主梁之间，均匀地布置了次梁（图1）。室内地面的尺寸，以及挑出的室外平台尺寸，都与整块铺地石膏板的尺寸恰好吻合（图2）。

（范斯沃斯住宅是《每个建筑师都应该理解的二十个建筑》中的一个分析案例。）

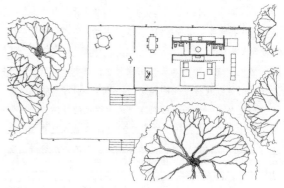

平面

1

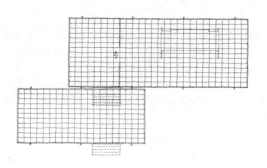

2

在你的笔记本上……

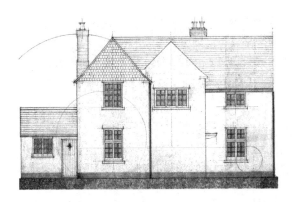

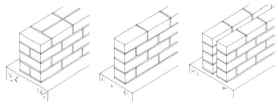

我家的房子的墙体用同样的砖砌筑出不同的厚度。内墙为1砖厚，一部分外墙为2砖厚。其他的主要用于抵御冷风、保温的墙体，做成了双层皮的砖墙，中间留2英寸（51毫米）的空气层。

在你的笔记本上……尝试画出来制作性几何是如何影响、决定你所居住的房屋，并且如何付诸实际建造。

上图是我家的房子；建于大约一百年前。下一页的图4和图2分别是首层和二层的平面图。在原有房屋的基础上我们对单层的部分进行了加建（仅画出上层平面的轮廓，图2）。

尽管外墙用水泥抹面，内墙用石膏板装修，但我知道这栋房子是用耐火砖砌筑的，比英国现在用的砖要大一点，标志尺寸是高3英寸、宽4.5英寸、长9英寸（76毫米×114毫米×229毫米）。砖的几何尺寸决定了墙的尺寸。基本的原则是，这些标准尺寸的砖需要在一个水平的现浇混凝土基础之上砌筑，每一皮砖都要水平砌筑，混凝土基础浇灌到地面事先挖好的地沟。砂浆在水平和竖直方向上填缝，宽度同为半英寸。

整本书都会写到砖墙砌筑的细节——就不在此赘述了——但是基本原则是需要理解的（尽管不是强制）：砖墙要竖直，平行于重力方向，垂直于基础水平面；开设矩形洞口的边缘要保持横平竖直；墙的长度要符合半砖的整数倍（并不

强制）；墙、窗台、窗楣的高度都最好要是一皮砖高度的整数倍（同样不强制）。

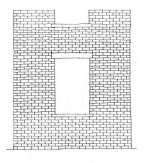

这里以图解的方式说明一下我家房子的砖墙（去掉砂浆抹面的）。从墙角到窗边一共6块整砖的长度。窗户宽5块砖，高21块砖。然后再有6块砖长到另一个墙角。窗台距混凝土基础共12块砖（也许可能更多，我不清楚基础的埋深）。从下层窗户的窗楣到上层窗户的窗台同样也是12块砖，只不过2块砖的高度由窗楣占据，窗楣是用来在窗上直接支持上部的墙体的构件。所有这些都是一种协调墙体及其洞口的尺寸与标准砖块的尺寸的练习。这是制作性几何的一部分。

通常我们会把上层平面图直接画在下层平面图之上，这样一目了然。你可以看到，在我的房屋平面中，上层平面并不是完全与下层平面对应的。在a处上层有一堵砖墙而下层没有，所以这就需要用钢梁（未画出）来支撑。另一堵上层的墙b就直接由木地板承重，因为它很轻，并不是砖墙而是压制稻草板。通常来说，上层墙体需要通过下层对应的墙体一直延伸到地面。

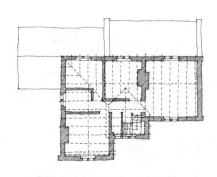

1

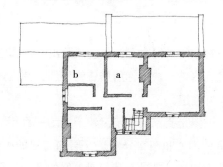

2

我家的楼板和屋顶也同样由制作性几何决定。我可以从图中看到平面是正交的，由若干矩形组成，所有对面的墙都是平行的。这不仅是根据砖的矩形形状设定的，而且可以更好地搭建楼面和屋面。图3显示了均匀铺设的楼板龙骨和屋顶椽子的方向，这些龙骨铺设在首层原有的房屋上面，而椽子则在我们加建部分的上方。（间距宽一些的椽子用于阳光房的玻璃屋顶。）和第71页（实际上是原书第70页——译者注）的威尔士小屋一样，地板的铺设方向垂直于龙骨，吊顶板则安装在这些龙骨的下面。

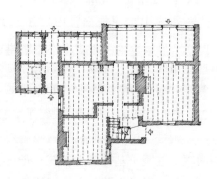

3

图1显示的是房屋原有屋顶上平行的椽子以及屋脊。用于屋顶板的挂瓦板（未画出）平行安装，并垂直于椽子。

这些屋顶板按其自身的几何尺寸铺设，其与砖同样有标准的尺寸：14英寸 ×7英寸（356毫米 ×178毫米）。

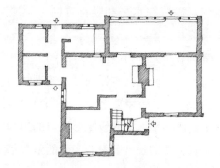

4

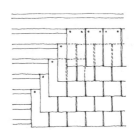

1

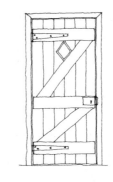

2

3

这些屋顶板如图 1 所示铺设。矩形屋顶板可以在同一排里面严丝合缝地连接（也成为一皮）。但是需要每一皮屋顶板的底边覆盖下面的两皮，这样水才不会从缝隙中渗进去。

门窗同样由制作性几何决定（图 2、图 3）。它们要与矩形的、由砖的尺寸所决定的墙洞口吻合。它们用平直的木板拼接起来，剖面为矩形（图 4，尽管今天的窗户已经不是如此制作）。所有门窗分格尺寸相同，这样玻璃也可以做成标准的尺寸。矩形的门窗便于开关。图 3 中下面的窗户合页在一侧，上面的窗户合页在顶部。制作性几何既决定了建筑中的构件的制作方式，也决定了其移动方式。

还有其他的构件也遵循制作性几何。一些墙面和地面会做成矩形铺装。一部分首层地面用复合实木板铺设，9 英寸 × $2\frac{3}{4}$ 英寸（229 毫米 × 70 毫米），码成人字形样式（图 5），和墙交接的地方切断木块。

现在来量一下你的住处，画出制作性几何决定其形式的方式。

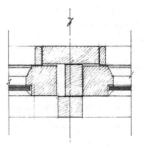

4

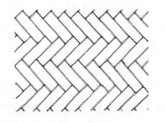

5

71

插曲：一个经典的形式，无穷的变化与延伸

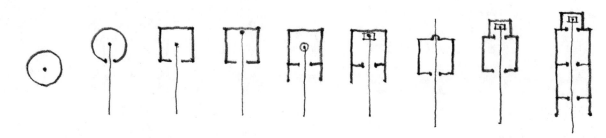

通过我们从场所圆圈及中心开始，到门洞轴线、社会性几何和制作性几何的探索过程，我们获得了建筑学经典形式之一。这种经典形式可以在全世界的建筑、全人类的文化中找到。它有许多的变化（如上图用"蝌蚪"式的手绘所示的），但万变不离其宗：一个带有门洞的封闭空间，一条指向一个焦点所在空间的轴线。那个焦点或许是火塘，一个真人，或许是一个假人（如神祇的塑像），一座祭坛，又或许是另一个门洞。焦点可能在室内、室外或者同时存在。门洞的门槛定义了一条线，这条线代表了内外世界的转换。

门洞的轴线既可以被人占据，也可供人通过。这样来说，这种经典的形式可以被视为一种连接的工具（在人与被关注的焦点之间），一条激发情绪的路线，例如通过一列门洞（及其门槛）所限定的区域。

有这样三类建筑，其实例不计其数：1.希腊式神庙；2.伊斯兰（土耳其）清真寺；3.天主教堂。每一类所朝向的"人"是：1.面向日出的神祇塑像；2.由米哈拉布门洞和朝拜指引墙（Qibla，阿拉伯语中为"方向"）所指麦加的方向（宗教信仰的中心）；3.祭坛和东方（日出方向）。

要注意，作为本源的场所圆圈的形式，在清真寺半球形穹顶和天主教堂高起的祭坛背后的半球形后殿，如何发挥一种提示作用。

而作为"神秘内部"的理念，它是远远早于这三类建筑的。巴利由尔，那个法国卢瓦尔地区的石墓，其存在超过了5000年。它由巨石建造（megaliths），由一条封闭的走廊通向"中厅"，再由此处通向更深远的门洞并进入神秘的内室。

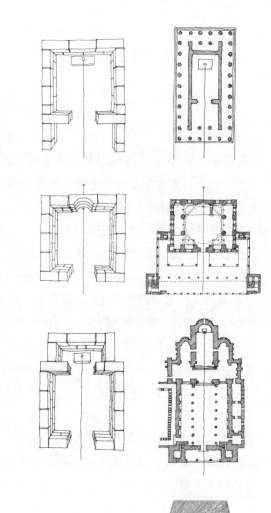

1

2

3

4

72

练习 7e 跨越更大的距离

受限于孩子们的积木尺寸，如果我们的材料不够长或强度不足而没有更大的跨度，我们就很难探索更复杂的跨越空间的方式。但是你也可以试试这样：这里有三种原理上根本不同的方式；每种都有历史上的先例。所以在某种程度上，你也能用积木搭起来的。

叠涩。这种结构的原理可以用于圆形、方形或椭圆形的空间，这些空间或许过大，用一块材料不足以覆盖。这里我们以在方形的空间上搭建一个屋顶为例（图 1）。首先我们必须能跨过门洞的宽度。如果门洞太宽而没有足够长的过梁，我们可以一步一步地缩小这个跨度（图 2）；这些步骤必须是渐变的。这是叠涩的原则。用这个原则你可以把屋顶搭成一个整体。未覆盖的空间可以从角部开始缩小（图 3）。这个过程不断重复，直至空间全部覆盖（图 4 ~图 6）。如果使用小而不规则的石头，这个过程比积木更加漫长。通常的结果是一个锥形的屋顶。叠涩可以用于很大的空间，例如希腊迈锡尼的阿伽门农之墓（Treasury of Atreus），其跨度将近15 米（50 英尺）。

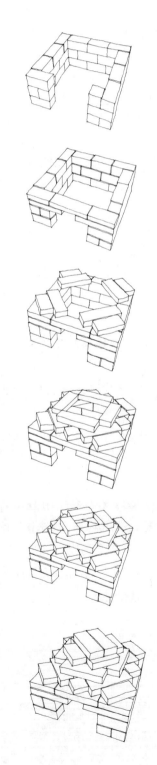

1

2

3

4

5

6

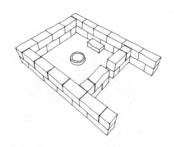

1

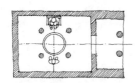

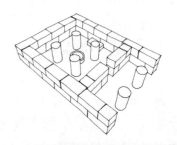

2

更多其他的叠涩案例存在于古代、史前或前工业时代中。

梁柱。另一种跨越大空间的方式是引入了过渡的柱子（图1～图2）。这可以将跨度减小到材料可以达到的长度和强度（图3）。次梁以及覆盖的屋顶或楼板，可由这些主要梁柱来承重。

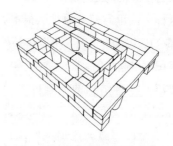

3

这种结构在古代埃及甚至更早以前就已经被使用了。这也是迈锡尼的希腊宫殿（上图）所遵循的原则，用四根柱子减少跨度，同时可以把火塘放置在空间的中心。

只要柱子足够坚固（即不倒），外围护墙体就不需要了，就可以成为一个在柱子之间的开敞空间。这也是勒·柯布西耶"多米诺"体系（1918年，下图）理念背后的原则，这种体系在20世纪非常流行。这种开敞柱空间在钢筋混凝土和钢框架结构中经常出现。

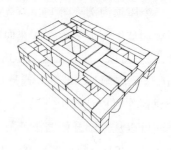

4

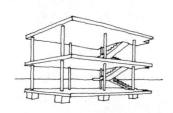

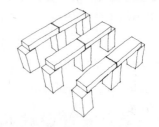

5

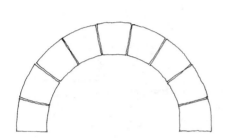

1

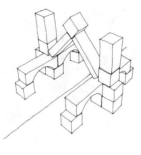

2

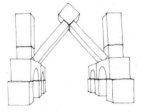

3

4

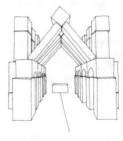

5

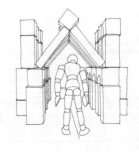

发券。在不把孩子们的积木切成合适的形状的情况下，想做一个典型的拱券是不太可能的。但是你可以做一个非常简单的拱券（图1～图2），只用两块"石头"（拱石，voussoir）和一块柱顶石拼起来（key-stone）。你会发现两边的尖塔（扶壁）要阻止拱券岔开塌落。尽管这样简单的拱券并不如尖拱顶的大教堂结构那样复杂，但它确实表示出了拱券所遵循的原则（如图3，这座建筑另有一个木结构的防风雨的屋顶，这个屋顶是用石拱券支撑的）。大教堂的圆拱券和尖拱券是由很多小块石材，经过精确的加工成型，而后砌筑而成的。注意图中的大教堂，它同样有两侧的扶壁，保证拱券不会岔开塌落。

这种结构设计的挑战与机遇是非常有魅力的。历史中的众多建筑，从古到今，正是结构出神入化的外在表现。但是需要记住的是，做建筑首先要考虑如何框定人群及其活动。那些在尖拱券之间所跨越的空间，即使在那些最伟大的教堂中，仍旧是用于指引一条礼拜者与祭坛之间的轴线关系（图4、图5）。

75

在你的笔记本上……

1

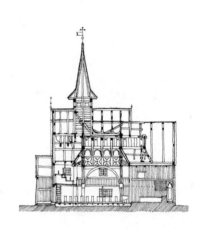

2

在你的笔记本上……找到并画出结构性几何的案例。在之前的练习中，我们不能穷举所有从古至今建筑中各种各样的结构性几何；用积木搭也确实力所不及。去研究那些你所亲历的建筑，或者是在出版物中所看到的，尝试理解其中的结构逻辑。别忘了，还要通过绘图来研究结构逻辑和空间组织之间的关系，这些也都在《解析建筑》中的"空间与结构"的章节有所讨论。

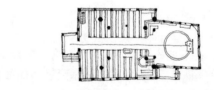

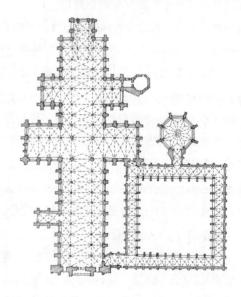

3

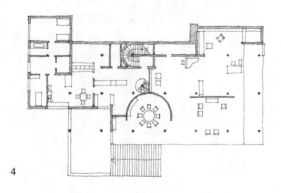

4

1. 威尔士的石板房（Slate house in Wales）。建造的结构性几何决定了形式，即使它使用的是不规则材料。

2. 挪威的木板教堂（Norwegian Stave church）。其结构性几何同样也是空间的几何。同样可以看到，场所圆圈位于祭坛的前面。

3. 索尔兹伯里大教堂（Salisbury Cathedral）。不同的结构性几何设定了不同的活动：通向祭坛的过程；在八角形的会议厅（chapter house）进行讨论；在四方形的修道院中巡行。

4. 图根哈特别墅（Tugendhat House，密斯·凡·德·罗，1931年）。这个案例在结构性几何与空间组织关系对应上就有些微差了。

插曲：制作性几何的一次冲突（出于一个理由）
——阿斯普伦德的森林小教堂（续）

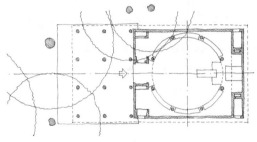

平面

阿斯普伦德设计的森林小教堂曾经作为一次插曲的主题出现过（第30页）。现在我们再次来观察分析，从建筑师的角度，就通常的制作性几何而言，我们会发现我们陷入了若干几何方法的冲突之中。而阿斯普伦德则坚持以其特有的、诗意的理由来解决这个冲突。

通常来说，小教堂的屋架是具有三维几何形状的，一般都会用传统的木屋架结构。但是当阿斯普伦德在一个矩形的平面中加入了一个场所圆圈——以一圈柱子的形式表现，于是他希望在屋顶中做出一个穹顶，其象征着天空，从屋脊投射下来的天光可以在其平滑的表面散射。

穹顶球面的几何形与屋架并不匹配，所以阿斯普伦德不得不设计一种特殊的几何形。为了寻找足够的空间（更像是科罗威人清除高处的树枝为自己搭建新房子找空间），阿斯普伦德也去掉了一部分木屋架。

看上去阿斯普伦德违反了屋顶结构制作性几何的原则，但是对他来说，他清楚地看到一个更高的目的——他为儿童的葬礼所设计的场所中含有的诗意的象征意义。人们从室外看，小教堂有一个如农宅一样小巧简单的四坡屋顶。而从室内看，小教堂由一圈石头围合，上面是来自穹顶的人工天光。两者的几何无法匹配，所以必然需要做出妥协（在一部分传统的木屋架中）。你可能会觉得阿斯普伦德所设计的构造有些"戏剧性"，他将一套人工场景的"驴唇"安放在了小教堂外观形式的"马嘴"上。如这些经常出现的戏剧性场景的案例，它们都可能（甚至需要）去打破普通建筑实践中的几何规则。

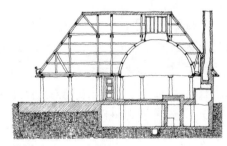

纵剖面

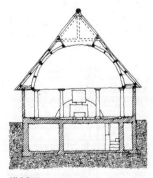

横剖面

观察报告：对待制作性几何的不同态度

制作性几何并不妨碍那些仅仅由选择与占据（比如在自然景观中）所形成的场所形式。你只要坐下来，就可以将树冠转化成为遮蔽物，或者将有坡度的沙丘转化为座椅，或者将洞穴转化为可以居住的房屋，这些并不涉及制作性几何。但是一旦你作为建筑师从物质上进行干涉，要通过制作来改变环境——即使再细微的改变——那么制作性几何的影响将浮现出来。

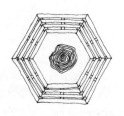

建筑师要想给树干一个篱笆，就必须找到能够围成圈的方法（也或许是八边形、六边形、五边形等等），比如将直线的木条连接起来。建筑师要想将洞口堵住，就要用树枝和木棍编个网，或者用石头砌筑，其制作性几何同时要顾及可能使用的材料，以及洞口不规则的形状。

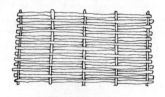

就算是建筑师想在沙子上围着自己画个圈，他也要想到他旋转的半径和他所能拿到的木棍的长度这些制作性几何因素。

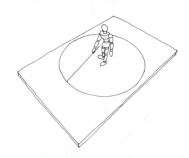

连接、编织、砌筑、旋转……所有这些都涉及制作性几何。

一旦你作为建筑师开始从物质上进行干涉，要通过营造一个场所（而不仅仅是占据）来改变环境，那么无论是作为一个设计师（思想上）或者同时是建造者（制作者），你的所作所为，将决定于你所想要创造的，以及你对制作性几何的态度。

起初，你可能很满足于用手头上能拿到的东西，来绑扎一些很原始的结构。比如，你可能随便在沙滩上找几块木板，就当作沙滩上的座椅。但是这仅仅是对待制作性几何态度中诸多可能性的一种。你可以沿着这样的思路，看到制作性几何会是：

● 仅仅是建造的一种不得不顾及的前提条件，但也仅仅限于"将就"做好一个结构所要考虑的一些因素；

● 与建造中一些原初的计划具有相似性的，一种预设好的、必须遵从的权威，追求完美的，或者是有机的、整合的建造起来的形式；

● 人类对材料所具有的自然形式的一种征服（尽管一些人从道德上有所质疑），并因此受到自然规律的抵制；

● 一座可以展示创造、发明、技巧、勇气和魄力的竞技场；

● 世俗的、繁琐的、下里巴人的，等等，一个即将被超越的因素。

对于制作性几何的每一种态度，都会与其自身的信念或其所拥有的德行有关。但并没有唯一绝对的制作性几何。这种多样性的结果就是建筑所体现出的杂交性；当然，这也是能够解释为什么茅草屋不同于洛可可教堂，古典建筑不同于所谓的"泡泡建筑"（blobitecture）其中的一部分原因。制作性几何是无言的哲学精髓。对其所持有的态度，在一个维度中延伸着，从服从和遵循，到幻想与超越。

自古以来，人们反复的实践与展示着，他们创造那些超越了原始、"将就"的构筑物的能力。人们在超越对于可能性的追求上走得越远，他们就能够更好地实现他们的愿望。

如果你能栖息在十吨巨石之下，仅靠其他三个矗立的巨石尖作为支撑的时候，你也会对自己作为人类的创造力感到相当自豪。

思想与自然的辩证法

在建筑学中，制作性几何可以有选择地被看待，既可以被视为展现思维能力的竞技场（创造、发明），又可以被视为意愿的枷锁（处处掣肘、令人恼火的限制）。制作性几何就是一片竞技的场地，在这片场地上的双方就是设计思维和自然规律。自然的本质，就是要通过其亘古不变、不以意志为转移的属性、过程和力量获得胜利。而思想的本质则是设定自身的目标，寻找自身与自然进行竞争，而又要在这些属性、过程和力量中行动。简而言之，思想有三个选择：要么接受；要么力争并驯服自然；要么去努力找到那些让其意愿与自然所决定的条件达成和谐的方式。

不同态度的案例

麦豪石室（Maes Howe）（下图，奥克尼群岛）建于公元前 2600 年。它被归类于"史前的"、"原始的"、"低级的"。然而它也阐释了其所孕育的思维的创造能力。清晰的制作性几何来自设计思维（墓室的目的）和其能够掌握自然材料的可能性之间的互动。思维（或者说是建筑师）规划了一个矩形的墓室以及通过过梁搭接的屋顶，通过规则的码放每一皮条石来实现。麦豪石室由思维的敏感性所创造，这些敏感性就来自对于可获得材料的特征与可能性，其物理的强度，以及对建

造者技艺的良好估计。它展现了思维（其意志与创造力）与自然（可获得材料的特征）的一种和谐互动。

从矩形顶棚的挂板到地板上榻榻米铺地，矩形房间、方格窗户以及障子屏风（Shoji，日文"障子"，即屏风），传统日式住宅（上图）通过制作性几何进行控制，具备高水平的原则性和完成度。而作为一种对比，一些元素则保持着不规则的自然形态、纹饰或材质。在图中一根曲线的木杆件用于角柜，形成了椭圆窗的半个边框。结果使自然形式与制作性几何的矩形语境相得益彰。这并不是一种必需性所形成的，而是一种优选（对于一根特定的木杆件的选择，其形式恰好满足了设计思维的愿望）和精细的考量。这个案例显示了设计思维的能力，

利用制作性几何作为一座竞技场，以思考一种在自然物体（树、石、水、光……）的形式与矩形的建造形式之间诗意的关系。这根木杆件作为一种自然不规则性的象征矗立着（也许是被包围、被囚禁了），它设定了所有其他的材料，其中也有自然的，也有那些通过锯、刨、磨边、抛光的而被"非自然化了的"材料。其结果就是一种美学上的愉悦和哲学上的匹配。

有时候制作性几何也会成为节俭、简朴、虔诚等信奉"上帝法则"的试金石。

当多姆·汉斯·凡·德·兰（Dom Hans van der Laan）在荷兰瓦尔斯（Vaals）设计圣·本尼迪克特（St. Benedict）修道院（上图，在20世纪60年代）时，所有一切——平面、剖面、墙体、洞口、台阶等等的形状——服从于砖的规则矩形的原则。

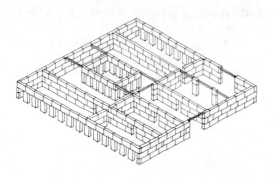

由吉尔斯·佩罗丹（Gilles Peraudin）设计的在法国沃韦尔（Vauvert）葡萄酒窖（1998年），是少有的根据制作性几何进行简洁的建造的当代建筑案例。该建筑主要由采石场开采的标准尺寸化的石块（1050毫米×2600毫米×520毫米）建造。尽管非常巨大、沉重，但这些石块垒起来就像你板子上的积木一样简单。石块矩形的几何与矩形的平面（同样带有轴线）达成协调一致。屋顶结构是跨在两个平行墙体之上的木梁。

同样的态度也体现在路易斯·康设计的在费城附近的多米尼加修道院（Dominican Motherhouse）——未建成项目（同样在20世纪60年代）的房间中。

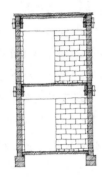

所有这些由块状的几何形所规定——矩形相互垂直的性质和维度，并以其作为原则进行墙体的建造。这是一种务实的态度——其隐含这一种有吸引力的理念"建造的简洁性"——而同时这也是一种哲学的思考。它暗示着严谨，自我控制，避免（或厌恶）浮夸，不必要的装饰。砖的原则（制作性几何）被视为一种形而上的原则等同于僧侣禁欲的生活方式。

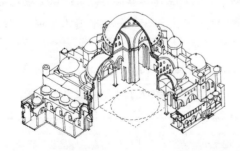

在16世纪的伊斯坦布尔，苏丹的建筑师思南（Sinan）以极其大胆的穹顶群来颂扬宗教的理念与信仰——最极端的是苏莱曼尼耶清真寺（Süleymaniye Mosque），在1200年前的

圣索菲亚大教堂的形式基础上——将制作性几何尽可能延展到（或者不能再超过）其结构创造力的决心和信念中。在这座建筑中，宗教信仰并不是通过抑制、纯粹和严谨的单一要素（例如仅仅采用砖）的几何法则来表现；它展现了设计思维的大胆想象与创造能力，它让材料服从于意志。但是思维同样也要顾及并利用（发掘）材料（石材）可能的特征以及重力（这是最主要的"胶水"，能够让经过加工的石材粘在一起成为穹顶的形式）。在这里，这种创造性和思维的信心，并没有被视为一种与真主阿拉意志的潜在冲突（以自然的方式表达），而是作为它的一种手段。苏莱曼尼耶清真寺将人类思维（及其物质层面的能力）视为阿拉意愿的一种展现手段，而这种展现则通过制作性几何表达。

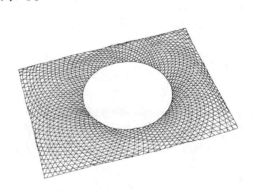

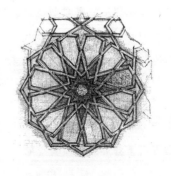

思维的发明创造能力，也可以不凭借超自然的权威性或创世者得以展现。在伦敦的大英博物馆的巨大中庭的屋顶中，诺曼·福斯特则将制作性几何，以不同于思南在苏莱曼尼耶清真寺中的方式延展开来。他的做法精确而刻板，通过一个规则的网格（作为玻璃板的网架）以及将其变形（以计算机程序辅助），以达到不同几何形之间（中庭外圈的矩形和中心图书馆的圆形）的和谐。

将制作性几何延展需要创造力、不懈努力以及金钱、人力、时间等物质资源的付出。根据制作性几何进行简单的建造，被视为一种节俭的处事方式。如果要以雄伟、复杂、大胆的方式建造，就要能够被视为是一种对宗教、信仰、仪式的表达；它也可以被视为是地位、虚荣、自我中心，其集中于可以掌握那些物质资源的一部分人或组织手中。剑桥国王学院礼拜堂（King's College Chapel, Cambridge）的帆拱屋顶（左上图）是一个复杂微妙的案例，制作性几何可以延伸到多远。

尽管从务实的角度看，能让你看到包括创造力、美观对资源的拥有表现得有些过分——把一个简易的作为防风雨的遮蔽木架屋顶设置在看不到的位置（左下图）——但是它也确实是对学院财富、地位、品位、志向和社会关系的表达。

一些建筑物体现了对制作性几何有目的的无视；这些建筑师不能接受制作性几何的权威凌驾于他们之上。在一些案例中，建筑师和他们的雇主会认为，制作性几何不应该作为如此重要的前提条件让人去遵守，也不是那种规则与自然形式诗意的互动的参与者，更不是可以无限延伸的创造能力，而被视为是世俗的、低下的，应该被贬低到一文不值或毫无意义，这些应该被建筑师努力去超越，去提升。

遵从制作性几何表面的权威会使建筑更便宜、更易于建造，这也许是更明智的；而无视其形状而选择其他形状则是昂贵、高难度、有风险的。但也正因如此，无视制作性几何却是更加有吸引力的。它能产生惊世骇俗的效果，以突破观察者感觉到的"感觉"。于是一些出资人（甲方）想要这样的惊世骇俗，超过了直接的感觉。这种惊世骇俗激发人们的敬畏感，也吸引人们的注意力。

敬畏感与注意力可以和宗教中的节俭朴实等量齐观。前者会通过将制作性几何朦胧化来获得，而不是完全遵从其导向。

18世纪在中欧兴建的洛可可教堂就是很好的例子。下页左上图就是典型的洛可可布道坛的图形。尽管建筑整体显然必须连接在一起，而不能支离破碎，但是其形式中根本看不出来制作性几何。它就

是要设计成奢华的，以激发信奉者对教堂权力与财富的敬畏感，并且以惊世骇俗的效果和动态的圣人形象、星的光芒以及各种金饰的组合来"取悦"他们。

正如有创造力的作品既有其世俗性也反映其宗教观念一样，惊世骇俗的作品同样也有。制造一些惊世骇俗的东西出来，确实是有效的广告。

正如弗兰克·盖里在 20 世纪 90 年代西班牙毕尔巴鄂设计的古根海姆博物馆，它吸引了成千上万的游客来赞赏这个惊世骇俗的形式，它改变了那个苦苦挣扎的城市的命运。

而那种形式可以被认为是一种扭曲的制作原则。它就如同是一个积木模型在摄影的过程中被扭曲了一样。

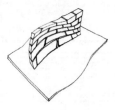

要建造原来的积木模型确实容易，但是要建造这个扭曲了的版本就需要大把的时间，去定义每一块积木的形状。

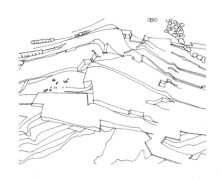

古根海姆博物馆的那些曲面钛板，就是对常规制作性几何的扭曲（这些都需要形状非常复杂的钢结构来支撑）。它体现了一个对城市、国家的承诺，而西班牙为了吸引游客则不惜花费巨资。世界上许多城市都效仿了这个例子，上图是由彼得·埃森曼设计的加西利亚文化中心。

如此之多的对于制作性几何的态度构成了建筑形式的杂交性。但是由这些感官产生的对形式的感知，无论是简单平常、一目了然的也好，惊世骇俗、大胆冒险的也好，都会将注意力从人——建筑的参与者——的身上转移走。毕尔巴鄂古根海姆博物馆的建筑师并没有扮演仆人、护士、政客或哲学家，使一个周到的框架（物质上的和精神上的）能容纳人；他是一位策展人、表演者、体操运动员，使一场表演能吸引人，让人惊叹而不是框住人的行为。人在这里，从建筑的主要参与者变为了旁观者。

（另见练习 11：与几何共舞，第 124—138 页。）

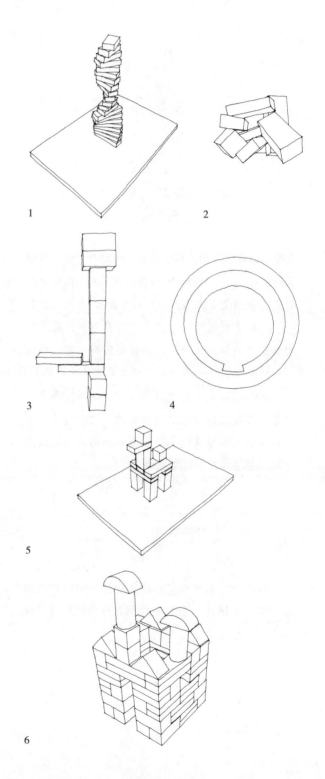

练习 7f　超越制作性几何

这需要时间和精力，但如果你愿意，可以尝试用你的积木建造一些超越制作性几何的形式。你的目标可以是创造力，也可以是惊世骇俗。

你可能需要从观察开始，看看你的这些积木可以摆成什么样子：把它们堆成更复杂、更无序的样子（图 1 和图 2）；尝试着搭成看起来难以置信或出人意料的样子（图 3）；做成一个复杂的形状，让它看起来好像是雕刻过的或者是从模子里面整块浇筑出来的样子（也许你需要用抹灰的方式，图 4）；又或许你可以组合这些积木拼成一只狗（或者像只骆驼？图 5）；或者使用异形的但仍然是标准的积木块（图 6）。

但是如果你想造成一种惊世骇俗的形式，你估计就要花些时间和精力重新加工你的积木，或者你要有通过模具制作的可塑性材料，或者做出一些不规则、曲线的形状。

你也将看到，在这些组合中，注意力从建立一个居住行为的框架转移为创造一种具有吸引力的"雕塑形式"。

所有这些都是建筑师要造就惊世建筑所使用的手段。

在你的笔记本上……

在你的笔记本上……搜集并画出一些阐释对制作性几何不同态度的案例。

在如今 21 世纪的时代，你在任何流行的建筑杂志中都可以搜集到这些案例。

当我写这本书的最终稿时，一本《建筑设计》（*Building Design*）的英国杂志（2011 年 4 月 15 日）就从我的信箱中掉出来。第 4 页上建筑科学研究所（Architecture Research Unit）的一张图示，展示了将在韩国光州双年展上搭建的一个"愚蠢"的方案。一张照片展示了其概念模型，就像是我们前面做过的练习，用木块搭建起来，只不过方案中的木块都是不标准的、特制的。这样看来这种组合还是符合矩形的制作性几何的。而搭配的文字则说最终的建造将使用现浇混凝土。其矩形的形式也算是符合浇筑模板的制作性几何的。但是建筑师们的方案中示意性的外挂的节点，却显示了这不是用一整块材料从模板中浇筑出来的，而是由一系列 L 形的板子拼合出来的。起初他们对于制作性几何的观点是简洁的，而经过分析这种态度就

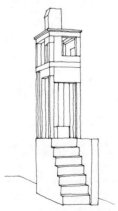

建筑科学研究所在光州的"愚蠢"方案有三个部分：带台阶的基座；带祭坛的小屋；以及一座灯塔。最上面是一个鸟窝。

变得微妙而复杂，表面上忠实构造，内在却混合着矫揉造作的玄虚。

同样是这本书，在第 17 页就有查理比建筑事务所（Chalibi Architects）设计的德国达姆施塔特会议中心，表现出对制作性几何迥然不同的态度。

他们的方式是扭曲造型方法的一种，基于计算机"建筑信息模型"（BIM）（一篇文章曾经介绍过这栋建筑）生成的。

而后还是这本书（在 20～24 页）展示了戴维·奇普菲尔德（David Chipperfield）设计的新特纳当代美术馆（new Turner Contemporary Museum in Margate）的照片和图纸。在这栋建筑中，制作性几何遵循的是极致的雕塑感。外观上看，很明显的几何形，包裹着带有规则条纹的玻璃幕墙。但是从室内看，大部分几何形的框架却被遮掩起来，藏在了墙面和顶棚的后面，构造的网格仅保留了墙体和屋顶中玻璃的部分。从功能上来说，这种光滑的墙面便于悬挂艺术品。从建筑上来说，这种去制作化的方式，目的是要创造其内部空间是从一个完整体块中雕刻出来的感觉。地面也同样用了抛光的混凝土。

对于制作性几何的态度也是争论不休的。一些人会认为，忠实于构造的清晰表达，以制作性几何为原则，其体现出一种品质，它相当于一种道德上的正直品格，于是这会受到一种审美上的

赞扬。也有人会认为，构造（制作性几何）是需要被建筑超越的——比如一种意图就应该是用形式去获得惊异，来颠覆常规的期待甚至信念。还会有人认为，像达姆斯塔特（上一页）这样明显的扭曲形式，会从道德上被质疑为一种放纵（的确也非常昂贵）。因此你必须也要对制作性几何拿定一个你自己的态度。

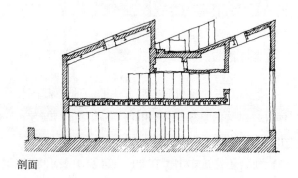

剖面

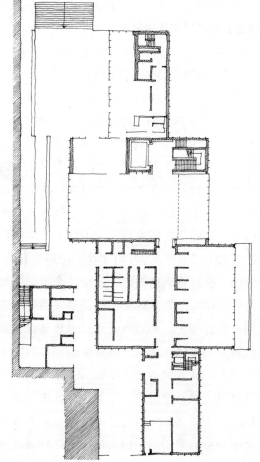

平面

练习 8　布局性几何

如我们所看到的，制作性几何影响着建筑中各类房间和各种空间的形状。它说明了房间应该是矩形的，带有相互平行的墙体，这样更易于建造。标准的矩形砖块一皮一皮地水平码放，可以很轻易地建造出平整的、竖直的、矩形的墙体，并且形成严格的直角。加上通过横跨在平行墙体之间的大梁，可以很轻松地形成楼板和屋顶，制作性几何为建筑师（那些使生活更轻松的人）预设了一种定式：房间就应该是矩形的。

在这个练习中，你将开始看到并会认同，矩形的房间和空间同样会使平面布局变得多么的容易。只要这些房间和空间是矩形而不是不规则的，房间和空间组合的平面布局（这比仅仅是房间的组合更加复杂）就会变得更简单。这是理性所趋向的一种状态；尽管这并不意味着，对于每个项目都是绝对正确的（最切合实际的、最有趣的、最诗意的……）应答。其他因素也可能起主导作用。

练习 8a　平行的墙体

一座房子是对于场所圆圈的体现。

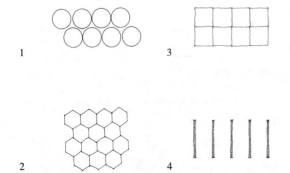

但是圆不能紧密排列（图1），会产生剩余的缝隙。圆形的房屋不容易共用一堵墙。蜜蜂通过将圆变形为六边形解决了这个问题（图2）。但是它们是从相当于"屋顶"的方向进入蜂巢的，也许除了蜂蜡，六边形的形状一般很难布局或建造。矩形排列最为紧密（图3），如我们所列举的砖瓦的排列方式。房屋的平面布局也是如此。平行墙体的排列可以无限延伸（图4），每两堵墙之间都可以放进房间。每个房间都和他的邻居共用一堵墙，而楼板与屋顶也相对易于建造。

在练习7c中我们知道了，矩形平面产生的最基本的一个原因，是它提供了一对平行的墙体可以用来支撑楼板的梁或屋架。另外一个优势就是房间或空间可以很经济的一个挨一个地紧密排列（就其空间利用和构造的方面来说）。

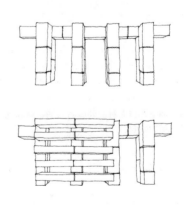

用你的积木去比较一下，摆成圆形的房子相互连接的困难程度，以及排布成平行墙体的矩形房间的优势。你可以看到带有平行墙体的房子，分隔墙可以提供每边一半的宽度分别支撑两个房间的楼板和屋顶（上图）。同样也没有浪费空间，而且联排的房子可以沿入户的道路面对面地排布。

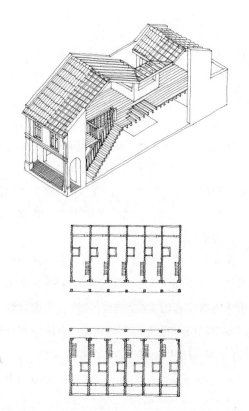

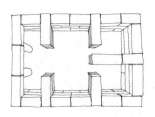

……或者是更随意地组合一些小的房间。

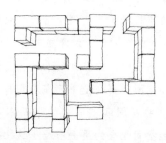

无论哪种情况，只要房间是矩形的，组合的过程都会更简单一些。

平行墙体的策略是全世界各个城市联排住宅的组织原则。比如这些图显示了在马来西亚和新加坡传统的联排商铺的格局。每间商铺位于两堵平行的墙体之间，拥有一块小院用以采光和通风。平行墙体的安排可以让所有房屋一间挨一间排列，并共用分隔墙。而面对面的临街布局，就像这种商铺可以非常有效的利用空间。

练习 8b 多房间建筑物

只要房间是矩形的，一所房屋即使有很多房间也很易于布局。用你的积木布置一座三到四间房间的单层房子。

你可以从一块由墙体围合的更大的空间中分割出来几间房间……

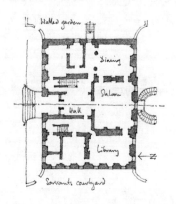

这所 18 世纪的苏格兰住宅 [威廉·亚当（William Adam）设计的邓恩* 官邸（House of Dun）] 的房间，就是包含在一个简单的矩形中并且对称排列的……

……然而在这类半开放式的住宅中（下页左上图），也可以通过不规则的方式进行组合。

---

* John Erskine of Dun（1509—1591 年），苏格兰宗教改革家。——译者注

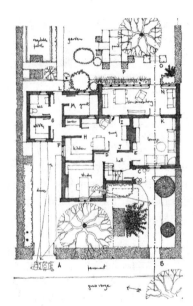

两者同样，房间这种矩形特征不仅利于制作性几何，并且利于布局性几何。

你的组合可以用一条轴线当作中线，房屋沿两侧对称展开。

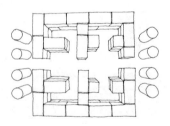

同样如此，如果你所组合的房间都是矩形的，那么你会更容易操作，也更容易拼成矩形的外轮廓。

你可以想象，即使同样用矩形的房间去组合，根据人们的经验都会以轴对称的方式布局，而用不规则的方式布局则会显得非常奇怪。

你也可以想象，在每种情况下建筑师的目标和贡献：一个最简单元（比如一个小屋或一座希腊神庙）如何能够与一个对称布局的多个房间的平面，共享同一条轴线，基于同样的原因而达到同样的效果？对于多个房间的平面所产生的轴线效果，是不是很大程度依靠绘图的手段，而不是人们自身的空间体验呢？

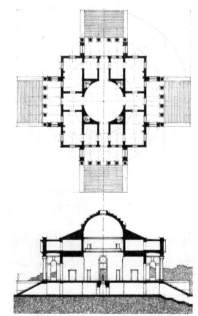

帕拉第奥设计的位于意大利维琴察的圆厅别墅（Villa Rotonda）（16世纪），组合了中心的正方形空间，并围绕这个中心展开两根相互垂直的轴线，使房间对称布置。

观察报告：通过矩形让若干几何形相互协调

我们现在可以理解全世界偏好矩形建筑物的原因了。矩形很适合用于建筑中各类相关的几何形，并且可以将这些几何形相互协调起来。

矩形适合于：

● 人的几何：前、后、左、右；

● 世界的几何：东、西、南、北；

● 门洞的轴线：建立了一条动态的视线或者流线，并将过程的高潮集中于一个焦点上；

● 制作性几何：简单而理性地跨越在平行墙体之间；

● 家具的几何：其自身也是受制于制作性几何的；

● 社会性几何：人们围坐桌旁或面向一位演讲者；

● 布局性几何。

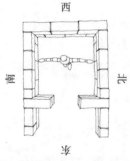

因为矩形可以让不同的几何形相互协调，所以自古以来就是建筑中使用的元素，并且沿用至今。矩形作为控制原则，其广泛程度可以体现在诸多建筑物中，如：

1. 位于印度喀拉拉邦的开敞的泥质小屋（时代未知）；
2. 克里特岛克诺索斯宫殿局部（约公元前 1500 年）；
3. 英格兰天主教堂（林肯郡，公元 12 至 14 世纪）；
4. 温泉浴场，彼得·卒姆托设计，位于瑞士瓦尔斯（1996 年）。

还有更多类似的案例。由于矩形的广泛使用，有太多的案例，也没必要一定把它们记录在笔记本上。（但是这确实解释了你所使用的矩形纸张为什么如此有用。）

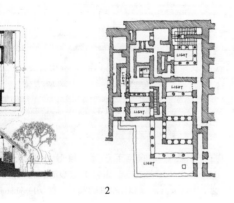

1　　　　2

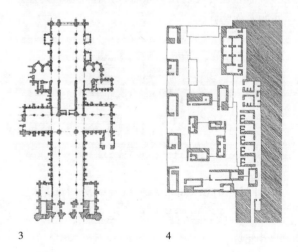

3　　　　4

插曲：修改布局性几何中的矩形

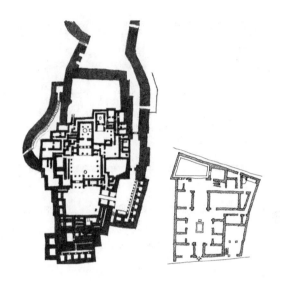

按照之前的"观察报告"中所陈述的理由，我们会觉得矩形就是建筑布局中的标准形；但其实，它只不过是建筑学中的"默认设置"而已。而历史中还有众多的建筑学主题偏离了这个默认设置。就如音乐如果墨守成规就会千篇一律，对于建筑学来说严格遵循正交规则也会是同样下场。趣味来自互动与冲突，而不是可以预知的解决方案。

因此有充足理由，也有诸多办法，来修改矩形这个默认设置。这也许会被冠以"响应性的"或"意志性的"名头。（两个名头在此都不意味着包含道德意义或价值判断，尽管有时候这些名头会被关联到意识形态的斗争中。）这些名头会与观念的尺度（这些在《解析建筑》的"神庙与村舍"的章节中讨论过）相关联。"响应性"修改矩形的理由大多来自对于限制条件的应答。而"意志性"的理由则大多来自建筑师施加某个外在理念的愿望。大多数情况下我们也很难分辨这两者，因为这通常是一回事，即（设计）思维（通过建筑）与所干预的世界之间的关系。在响应性和意志性所延伸的维度上，这些修改影响着建筑学所经历的所有历史。

迈锡尼特林斯（Tyrins）宫殿（左上，约公元前1400年）的建造者们沿山顶上可以利用的部分，即今天在希腊被称为伯罗奔尼撒半岛的部分，运用了矩形的制作性几何和布局性几何。在特殊的场所——中央大厅，宫殿的核心——他们运用了轴线的权威性。但是当他们到了可利用高地的边缘时，坡很陡，矩形的几何布局就不得不让位，以适应不规则的地形。

在庞贝的一些罗马住宅中（右上）不得不用规则的形状去适应不规则的地段。不规则形则隐藏在不重要的房间中，这样主要的空间仍然可以根据轴线来安排。

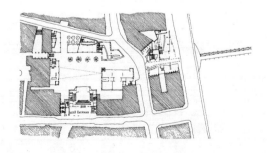

在20世纪90年代初，一个名叫Group'91的建筑师事务所设计了一系列建筑以影响都柏林的坦普尔酒吧街区，使其重新焕发活力。改造的其中一部分是创造了一个新的公共空间，称为"会馆广场"（左图）。空间是矩形的，但是在建筑的边缘，只要是碰到地段边缘或者碰到了已有建筑的不规则形体时，制作性几何和布局性几何都会让位。

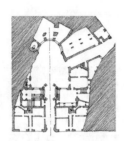

位于巴黎的博韦公寓（Hôtel de Beauvais）是由安托万·勒·波特雷（Antoine le Pautre）在17世纪设计的。如同上一页的庞贝住宅，其所占据的不规则地段，就是在弗朗索瓦－米龙（François-Miron）大街和德·茹伊（de Jouy）大街之间的。但是通过将弗朗索瓦－米龙大街的立面中点设置为与街面相垂直的轴线起点，勒·波特雷就成功引导来访者感到他们是进入了一个对称式的建筑中。而地段的不规则形则隐藏在那些并不重要的房间中。

在19世纪，英国建筑师约翰·索恩（John Soan）将许许多多轴对称的空间打包在了一个不规则的建筑中，这就是位于伦敦的英格兰银行。

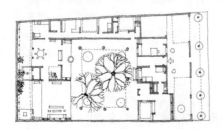

尽管并不那么宏伟，杰弗里·巴瓦（Geoffrey Bawa）在斯里兰卡科伦坡（Colombo）的住宅设计（1962年）有同样的设计手法。地段中变窄的一段隐藏在了右边的小房间中。其他空间都是正交的。

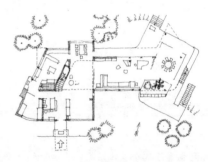

而另一种手法，汉斯·夏隆（Hans Scharoun）则在白色住宅（Schnimke）中扭转了制作性几何和布局性几何，而去观照空间中的采光和人的视野（参见《解析建筑》中的案例研究6）。

与夏隆在20世纪30年代末所设计的一些住宅相似，雨果·哈林（Hugo Häring）所设计的这个未建成的住宅（1946年）就并不考虑制作性几何和布局性几何。只有卧室的空间需要在外观上考虑一下适应矩形的床。他和夏隆一样，目的是所谓的将人们从矩形和轴线的"独裁"中解放出来。

阿尔瓦·阿尔托设计的珊纳特赛罗（Säynätsalo）市政厅，其几何规则被改变，从而使得其入口流线不同于任何常规的轴对称入口形式。

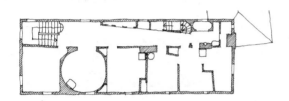

在瑞典建筑师埃里克·贡纳尔·阿斯普伦德（也是设计我们在第30页和第77页所看到的同样时期的森林小教堂的那个建筑师）所设计的斯内尔曼别墅（1918年）扭曲了制作性几何和布局性几何，来创造多种视觉效果。上图是上层平面。逐渐变窄的上层走廊夸大了透视感；从楼梯口处看走廊显得比实际更加深远，而从洗浴间看则比实际要短。在楼梯边上的一个房间，墙角上用木板墙做成了圆形，使其看上去像是子宫的形状。其他房间的规则性也被扭曲了。绝大多数剩余空间都做成了橱柜。

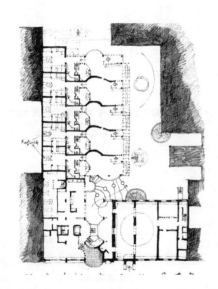

在阿姆斯特丹的"母亲之家"（Mothers' House）中阿尔多·凡·艾克在每间公寓的后院中，通过扭曲隔墙，设计了很有个性的曲线空间。

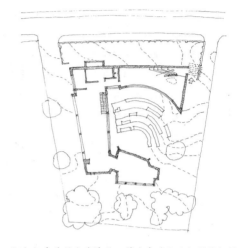

阿尔托在其赫尔辛基的工作室中对于几何形的扭转，一部分上是应对楔形的地段，但同时也创造了类似于露天剧场的外部空间，通过在草坪中设置几排面向墙面的朴素的台阶座位，能够将其用来放露天电影。

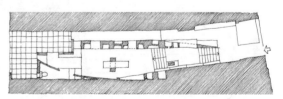

和勒·波特雷遇到的情况（博韦公寓，前一页）一样，戴维·奇普菲尔德在1989年所设计的威尔逊高夫画廊（Wilson and Gough Gallery）也同样要面对一个不规则的地段。他并没有在不规则空间中使用轴线和对称的方法，而是利用直线的墙体来排列组织这些空间。在地段不规则的转角处，这种方法可以产生不同的空间。这个设计就是一个规则性与不规则性互动的练习。

请注意，以上所有这些案例，对于制作性几何和布局性几何的变化，并不仅仅是图面上的练习。它们或者是对于（不规则的）客观条件的应答，或者是刻意要影响人的建筑体验。在一部分案例中，这种刻意，就是要引导人们感觉到，尽管是在一个不规则的地段中，但人们还在一个规则的、有序的、轴对称的场所中。另外一部分案例，则是要刻意将人从轴线和矩形中解放出来，然后给予各种类型的空间体验。

在 2011 年 3 月，当我撰写这些关于制作性几何和布局性几何的练习的时候，我浏览了《今日建筑》（Architecture Today）这本杂志（2011 年 2 月刊）。书里面有一篇关于近年英国的住宅设计的文章。书中所展示的这两栋住宅，体现了制作性几何与布局性几何及其扭转方法的博弈，以及它们所导致的空间关系，都成为了当今的时尚。

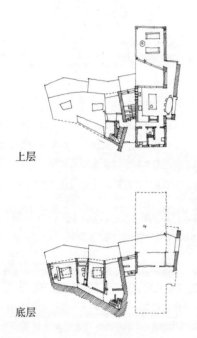

上层

底层

在威尔士中部的 "Ty Hedfan" [飞翔、飘浮、徘徊的住宅，由费瑟斯通·扬（Featherstone Young）设计] 可以分成两部分。在上面的两层，主人的部分是正交的，而客人的部分（在地面层）在上图平面图左边却是不规则的。但即使在正交的部分中，这些区域也偏离了制作性几何。

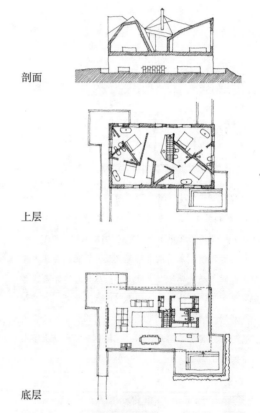

剖面

上层

底层

萨福克郡索普尼斯的沙丘住宅（Dune House）[由建筑师雅尔蒙德 / 维格斯奈斯(Jarmond/Vigsnaes)设计] 分为两层。下层平面让人想起密斯·凡·德·罗的范斯沃斯住宅（参见《每个建筑师都应该理解的二十个建筑》，第 75 页），一圈玻璃墙和一个用于居住不被外人看到的实心。上层平面尽管外圈是矩形的，但内部却不规则。四间卧室，每间都是带有床和澡盆，以及套内的卫生间。上层空间的剖面同样是不规则的（最上图）。

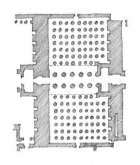

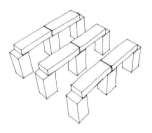

1

练习 8c　列柱空间／自由平面

2

在练习 7e 中，你已经了解了横跨大空间的方
法。其中之一就是在空间中设置过渡的柱子，以
承担其上的屋顶和楼板的结构。列柱空间可以追
溯到古代，左上图就是公元前 1400 年埃及卡纳克
阿蒙神庙（Temple of Ammon）柱下大厅（hypostyle
hall）的平面图，右上图是希腊依洛西斯的献殿
（Telesterion*）（公元 6 世纪）。这些空间都保留了
其外围护的墙体。这些结构都出于同一个想法：
梁可以跨越在相邻的柱子之上形成空间（图 1）。
在 20 世纪，当比石头强度更高、整体性更好的结
构材料出现的时候，建筑师开始脱离实体的围墙
来营造空间。勒·柯布西耶在 1918 年所创造的多
米诺形式（图 2），就是对这种简单而革命性的建
筑理念的清晰而流畅的表达。

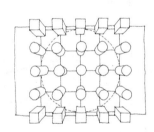

3

你可以用你自己的积木，来探索这种革命性
理念所衍生出的形式。所有建筑起始的场所圆圈，
被叠加了一层矩阵式的网格，并直接与材料的跨
度和强度有关，这些决定了柱子的位置（图 3）。
这就产生了一片柱子的森林，这在古时候就象征

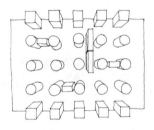

4

着神秘。柱子承担着屋顶结构的重量，而空间可
以被不承重的隔墙进一步划分（图 4）。其结果就
是柱子与隔墙之间的互动，并形成了建造的能力
和建筑的语言。

---

* 希腊语 τελειω 原意为：完成、履行、奉献、启动。——译者注

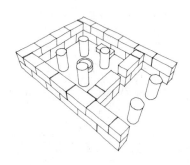

这会使建筑师所营造的空间，与原先依托承重墙所形成的空间大相径庭。

钢筋混凝土与钢结构——现代材料的强度与整体性（高强度的连接节点），可以用纤细的柱子来营造大跨度的空间。

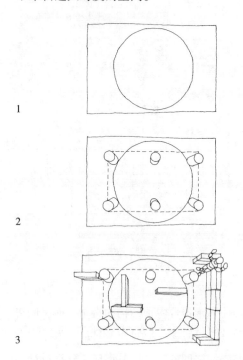

1

2

3

让我们在你的板子上画一个圆圈（图1）。在圆圈上布置一些柱子，承担假想的屋顶；出于制作性几何的原因，这些柱子会把一个圆圈围成矩形（图2）。放置一些和柱子脱开的隔墙（图3）。

你要注意到，因为屋顶的重量已经由柱子承担了，所以隔墙就可以自由地摆放，并不用与柱子相连。它们可以位于屋顶下方，当然也可以不用。

比较一下这样一类空间（上图）和在第72页我们所定义的那种"经典形式"的区别。在这里并没有门洞入口，于是也就没有轴线。这不是一个包含简单运动方向或焦点的空间，而是一个可以用来漫步的空间。

1929年，密斯·凡·德·罗的巴塞罗那馆，就是典型的对这种空间理念的凝练（参见《每个建筑师都应该理解的二十个建筑》）。

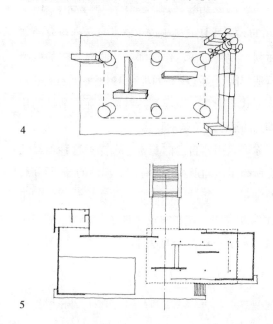

4

5

在你的笔记本上……

在你的笔记本上……找到并画出一些"自由"平面的案例，在这些案例中，支撑楼板和屋顶的（钢筋混凝土或钢结构）柱子解放了墙的承重角色，使封闭的空间得到开放。

你可以从1930年左右的两栋经典建筑开始：密斯·凡·德·罗的巴塞罗那馆（前面已经提到）和勒·柯布西耶的萨伏伊别墅。这两栋建筑都传达了新的建筑学空间理念（两者都包括在《每个建筑师都应该理解的二十个建筑》的案例研究中）。

你可以将巴塞罗那馆想象成为，用8根纤细的钢柱支撑起一个平屋顶（点支），坐落在一座石台上。这样墙被解放出来，可以任意布置在石台上，既可以在屋顶下，也可以在室外。即使密斯貌似要仿照希腊的中央大厅或者神庙来描绘自己的建筑，但是他并没有利用门洞、焦点等等轴

线对称的手法，而是打破了封闭的房间，创造了一个简单的迷宫。这就是一所漫步的建筑，它并不为你指示一个清晰的方向。

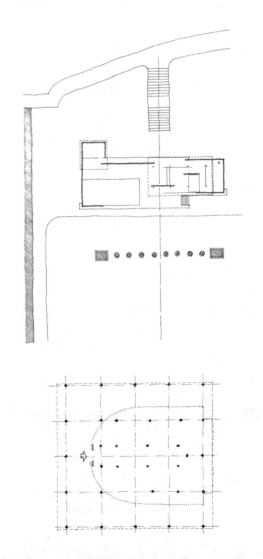

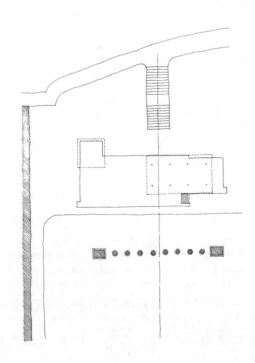

勒·柯布西耶的萨伏伊别墅的墙体（这是首层平面），完全独立于承重的混凝土柱子。门洞（箭头的位置）位于网格平面的中央轴线，但是一旦一个人进入建筑后，他就会在去往二层起居室的

坡道上偏离轴线。注意，勒·柯布西耶如何让一些柱子避免严格的结构网格规则，比如，腾出空间给中间的坡道。

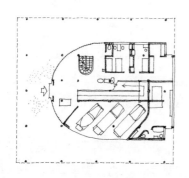

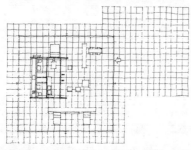

在密斯未建成的 50 英尺 ×50 英尺住宅项目中，他将承担屋顶重量的柱子减少为 4 根纤细的钢柱，位于正方形四边的中点上。

阿尔托的玛丽亚（Mairea）别墅其中一部分使用承重石墙，而另一部分使用承重的柱子。图书室的部分（图的右下角）以没有结构作用的书架作为空间限定的元素。

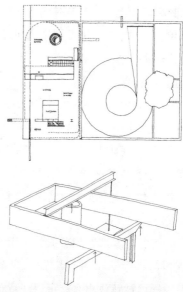

雷姆·库哈斯（Rem Koolhaas）深受勒·柯布西耶的影响，但将其理念上升到超现实主义的层次。其波尔多住宅（Maison à Bordeaux）的中间层看起来完全没有任何结构。库哈斯和他的工程师设计了一种让上层楼板完全飘浮于空间之上的感觉（波尔多住宅也是在《每个建筑师都应该理解的二十个建筑》的案例研究之一）。

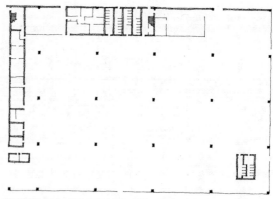

最经常使用自由平面的是办公楼。这是一张 20 世纪 60 年代在西德卡门的 GEG 住宅预订加工公司的平面图。这是一片开敞的空间，仅有几根柱子作为简单结构网格中的点，形成巨大的跨度。只有不能开放的盥洗室和储藏室是位于封闭的房间中的，其他的地方就像是在开敞的自然景观中，一片等待占据的海滩。

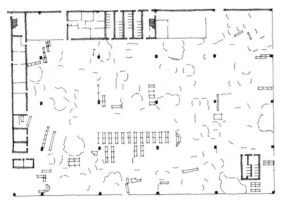

最先到的占据者是一些屏风和其他家具，如文件柜、衣柜，人们用这些限定了空间。这就好像是人们在沙滩上搭建起来的防风屏，来确定自己的领域。它们可以根据多种空间需求随时变换移动。

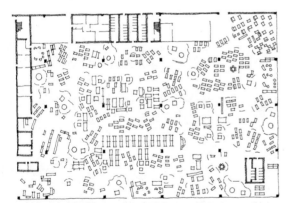

屏风和其他家具定义了办公桌和工作团队的领域。另外还会有用于开会讨论的大会议桌的空间。一些领域也开辟出来用于休憩。注意，柱子如何在这样的一种布局中成为了其中的一部分。还要注意，不同的场所有着不同的性质。你可以设想一下，如果想要一整天就只是接电话，你会选择哪里坐下来。

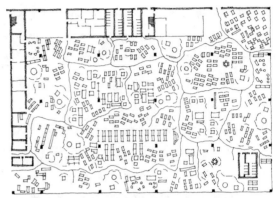

一条条通道从这些不同的领域中扯开了一道道缝隙，可以进入每个区域。这样所形成的布局就像是旺季的海滩。建筑创造了赋予形式的、人工化的景观。（这被称为bürolandschaft——office landscape——办公室景观。）社会性几何就在这些桌椅布局之间得到了体现。这也像是由若干小的定居点所形成的早期城市社区。比起这样的布局，今天的接线中心的布局更倾向于几何化的秩序。参见第 58 页。

练习9　理念性几何

在前面的几个练习中，我们已经了解了各种各样的几何形在建筑中的影响。然而，也许是你心目中真正的那种"几何"却到最后才出现。这就是纯粹数学中对几何的理解，也就是那种你从上学时候就用尺子、圆规、量角器与之打交道的那一类几何。它们是完美的圆形、正方形、球体、立方体等等。它们也是对于前面练习中——场所圆圈、门洞轴线、制作性几何等等——那些各式各样"现实存在"的几何（存在性几何）的一种抽象。为了给它起个名字，在《解析建筑》中这种抽象的几何可以称为"理念性几何"。

相比那些存在性几何的最终归宿——材料的特性（砖、砌块、木条的直线长度）以及我们的人体——理念性几何的最终归宿，是一种抽象的领域，如同一张平整的白纸或者计算机网络空间中所形成的界面一样。而在真实世界中的稀有性，也给理念性几何蒙上了神秘的面纱，尤其对于建筑师而言。尽管从务实和经验的角度讲，将建筑做成一个完美的立方体确实没有必要，但是这样做会让人从先验中就感受到一种品质，也就是赋予了一种完美的权威：理念。

练习9a　正方形空间

碰巧我们现在到了练习9，9是一个平方之后的数，即3×3。这可以从图中很直观地表达：一个大正方形切成了9个相等的小正方形。

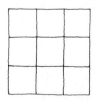

这样一来，9就是一个二维的数字。在你的板子上画出一个3×3的方形。在这个布局中，我们将引入中心、建筑空间的动线以及制作性几何。

标记出板子的中心。在中心的一侧打一个3×3的网格，以一块积木的长度作为一个单位。

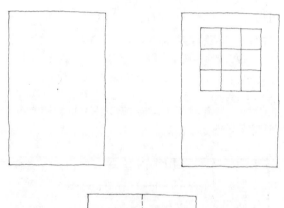

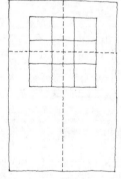

你会发现这些网格又重现了一些我们之前练习中遇到过的情形：其自身中心的产生，以及与板子所形成的"世界"（将要建造的基础）发生共鸣的轴线。

现在我们来围着网格造一圈墙体，仅一块积木高。你会有三种不同的码放位置：以网格为外圈；以网格为内圈；以网格为中线。每一种方式都会产生一个正方形的圈；但是在我们这个练习中，我们将网格作为墙的内侧面。

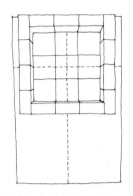

由于你是用积木的长度作为模数的，四边中的两边，积木之间的缝是要对齐中间的网格线的。现在你已经做好一个正方形的封闭空间。但是你的小人儿总不能翻墙而入吧，所以开一个门。同时，你可以在中心放一个火塘。

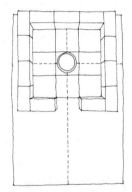

现在我们拥有一个与练习 7 中（基于制作性几何从圆形房屋重新设计的）完全相同的房屋。但是，重要的是，我们所使用的是完全不同的一种概念发展而来的。练习 7 中的房屋是从场所圆圈中推导出来的，考虑到矩形制作性几何的便利而修正出来的。而刚刚我们建造起来的，是根据理想中完美的正方形作为其平面形式而得来的。尽管结果相同，但两栋房屋背后的想法是不同的。在我们进行设计深化过程中，这种概念上的区别会越来越明显，其影响也会表现得越来越突出。

练习 9b　拓展方格

在练习 7 中我们添加一组外廊来作为门洞的保护。根据制作性几何，我们刚刚根据山墙的长度码放了一些积木。但是如果我们服从理念性几何的权威，我们就需要找到另一个原因，来决定增加外廊与原有山墙长度的比例。

以理念性几何来看，有许多种不同的办法可以拓展方格。

第一种，我们可以延长方格长度的三分之一，即增加一行小方格的宽度。这就会产生一个 3×4 的矩形。由于我们之前就是用积木的长度作为模数，这种做法依然可以满足制作性几何。但是我们可以看到，这种外廊确实不够深邃。

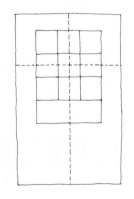

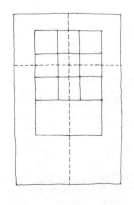

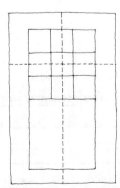

第二种，我们可以拓展一半甚至整个方格的宽度，分别形成 2×3 或者 1×2 的矩形（上页右图）。

但是我们会觉得这种办法实在没什么意思，因为都是可以预知的，我们想要找一个有趣的方法，运用数学的方法来拓展方格。

于是有了第三种。我们可以尝试以方格的对角线作为长度，画一个圆弧与边长的延长线相交。

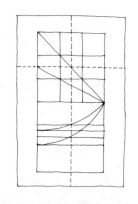

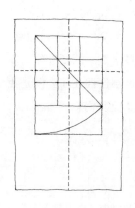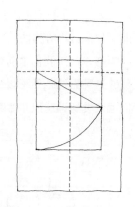

这就会产生一个的 $\sqrt{2}$ 矩形（因为正方形的对角线长度是 2 的开平方根）。

或者还有第四种，我们可以其中一边的中点作为圆心，连接对边的一个角点作为半径，再次画一个圆弧与边长的延长线相交。

这就产生了"黄金"矩形*，如《解析建筑》（英文版）第三版中第 162 页所示，因为其比例是可以自我复制的。如果你从一个黄金矩形中切掉一个正方形，其剩余的部分仍然是黄金矩形。

所有这些根据理念性几何来拓展方格的方法，都能够形成不同深度的外廊。

……这样，你如何选择用哪一个呢？黄金矩形看起来很特殊、很有趣，你也许会觉得，它所拥有的那种特性很神秘、很有魔力，所以可以在你的房子里试试。

尽你所能把山墙延伸到黄金矩形的角点。（那个小一点的方块同样意味着，你需要加柱子来支持屋顶的结构。）

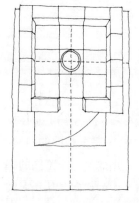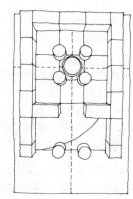

现在，如果不计算墙体的厚度，我们就有一个理论上的黄金矩形外廊，并且成为同样是黄金矩形房屋的一部分。那么至少在意识上，你会感

---

* 即以黄金比例（约为 1 : 0.618）为长宽边的矩形，后同。——译者注

觉到你创造了一种和谐的关系，将外廊与房屋的比例合二为一。

　　你刚才已经是"尽己所能"去延伸墙体，因为你也许会发现，积木的外围尺寸并不是精确的黄金矩形。为了精益求精，形成这种理念性几何，你可能要修改一下积木的尺寸。那么你就会用理念性几何的权威，代替了制作性几何。毋庸置疑，你会被理念性几何诱人的魅力所吸引，通过这种理念性几何方法，就可以确定建筑学中各种元素的尺寸与布置，这样你也会觉得，修改制作性几何确实划得来。

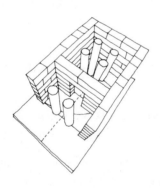

练习 9c　立方体

　　我们还不能满足于只在二维空间中，用理念性几何做游戏。建筑的空间（至少）是三维的。3×3的正方形需要立起来成为3个3连乘：3×3×3=27。于是我们就有了空间立方体。

　　把你的小屋的墙体垒到三个单位的高度。

　　你可能会觉得非常惊讶，和平面一样尺寸的墙体居然有这么高。但是你已经别无选择，因为你已经接受了这个规则——立方体。你已经在你的信念中保证遵守理念性几何的规则，这种信念让你在理智上（甚或是道德上）定义了"正确"

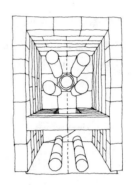

的空间，或者是在审美上感觉到"美丽"的空间。你将判断力与意志力转让给了"更高的权力"——数学。

练习 9d　墙厚的问题

　　既然你已经放弃了自己的控制而转让给数学（理念性几何），你就无法（如同你所希望的那样）摆脱那些可能发生的不确定问题。这些问题主要来自建筑材料的厚度对于几何尺寸的干扰，我们从理想上更希望这些边界是完全无厚度的。

　　比如，你刚刚通过黄金比例所延伸的外廊，但外廊外围尺寸并不是黄金比例；不仅仅是因为积木的尺寸不够准确，也因为里屋和外廊之间的隔墙有厚度。你也许会说那我们试试把隔墙压在轴线上……

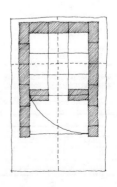

……可是这样无论是外廊还是里屋都不是理念性几何了。你还会说那我们把外廊的墙延伸出一段（相当于墙厚的尺寸），这样两部分都是黄金矩形了。

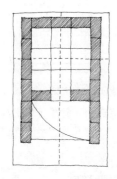

但是这样整个平面（里屋加外廊）就不再是黄金矩形了，也就失去了和谐的理想。

仅仅是在二维平面中就会发生这些问题，在三维中还会有更多的问题。当你试图围合一个立方体的空间时，用来围合空间的建筑实体外形就不是一个立方体。地面（你的板子）也要算进围合材料的厚度中。你当然也可以抬高建筑，加上和墙厚相等高度的台基。

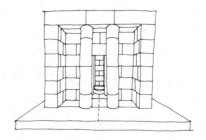

至此，你也许会后悔，当初就不该开始玩理念性几何的游戏。也许这不是天堂，而是地狱。强加于建筑中的理念性几何，以及对于完美形式的追求，将人们的注意力从人本身——以及人的行为、经验等等人所有的一切东西——转移走了。

也有另一种想法，你可能会真心追求理念性几何，认为它值得拥有；可能因为你觉得它可以依靠，像把拐杖，像一个可以用来决策的系统；可能你感觉它让你的设计看起来严谨有序；也或许，当你给其他人（你的客户或评论家）展示作品时，你从中获得了可信度，一种理智的严密性（无论它实际上可能多么的虚伪）使其受到尊重。

（另参见第114—115页。）

在你的笔记本上……

在你的笔记本上……找出并绘制一些建筑案例，它们根据理念性几何进行设计：正方形、立方体、√2矩形、黄金矩形。

类似理念的一些案例很容易发现。小川晋一1990年在日本山口县设计的"立体派住宅"（Cubist House）就是一个玻璃立方体。

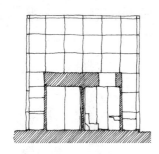

剖面

平面

另外一些案例你需要更仔细地分析一下。当你分析案例所使用的矩形时，你会发现用透明纸（草图纸或者硫酸纸）描图的重要性。

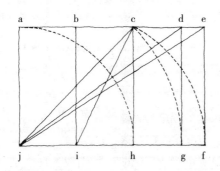

achj 为正方形；

adgj 为√2矩形；

aefj 为黄金矩形；

abij 和 bchi 是两个 1 : 2 矩形。

你也可以把 3 : 2 矩形包括进去。

标记出所有这些矩形的对角线。这会非常有用。你可以把你在透明纸上绘制的图盖在书刊杂志上，对角线会告诉你，你是否找到了一个案例，案例中建筑师是否使用了这些矩形作为其作品布局的依据。

做这个事情的目的在于，找出建筑师在哪些作品中用了理念性几何，哪些没有用；进而，在那些使用了的案例中，去发现建筑师如何玩这个游戏。你也许还希望思考一下，使用了理念性几何所带来的好处，将其视为一种手法，如何确定建筑各部分的位置、比例、尺寸，以及这些建筑与地段的关系。

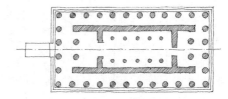

比如，你会发现，在范斯沃斯住宅中，密斯·凡·德·罗没有使用理念性几何。

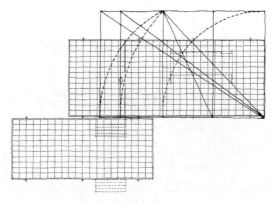

看起来，他更感兴趣的是，追求古希腊神庙的一种特别的比例 [位于埃伊纳岛（Aegina）的阿法亚神庙（Aphaia），上页右上图]，并用平台地板上的整数块石板来表达，也就是说，通过制作性几何表达。范斯沃斯住宅是《每个建筑师都应该理解的二十个建筑》中的案例分析之一。在这座建筑中，你还会发现密斯对于几何的态度：他为他的建筑赋予了一种原生的完整性，不是通过理念性几何，而是通过整除（公因数，factors）的方法。

路易斯·康的埃西里科住宅（Esherick）是另一个《二十个建筑》中的案例。这是建筑师使用了理念性几何来确定其平面比例的一个建筑案例。

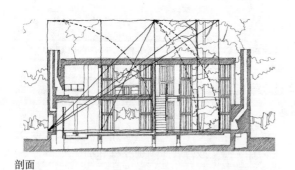

剖面

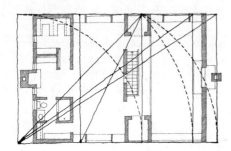

平面

你能看到在你的图上，$\sqrt{2}$ 矩形的对角线与建筑平面的对角线重合。看起来路易斯·康在剖面设计中也使用了理念性几何（左上图）。更详细的几何比例分析见《二十个建筑》。

理念性几何不仅仅使用在 20 世纪的建筑中。作为一种方法，实际上其历史可与金字塔比肩。建筑学中的理念性几何，不仅仅是一把帮你确定各个元素尺寸、比例、位置的拐杖。

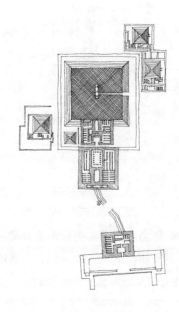

埃及金字塔的平面呈正方形，不仅仅因为要给场所圆圈——法老最终安息的场所——赋予形式，用坚固的石块形成四条边来指示四个方向；正方形还来源于其完美性，可以树立其金字塔的形式，对应于死亡的状态。

帕拉第奥设计的圆厅别墅（16 世纪）平面同样是正方形，其轴线正好交叉在十字中心点上。

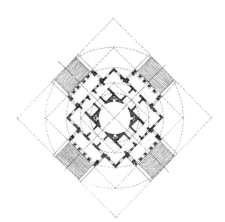

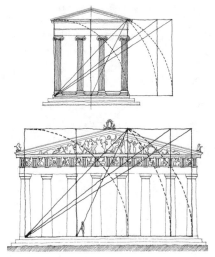

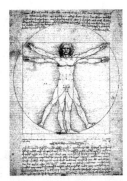

帕提农神庙的立面通常解释为根据黄金矩形进行设计，但同样也没有清晰明了的简单比例。

你也许读过一些书［比如 A·W·劳伦斯（A. W. Lawrence）的《希腊建筑》（Greek Architecture），第169–175 页］，介绍希腊建筑师使用一些微调的方法，将神庙中的一些几何元素微微弯曲或扭曲，以应对视觉的透视误差：比如，柱子将母线做成视觉上"收腰"（waisting）的形式［相反则是"卷杀"（entasis）*的形式——柱身略粗的部分几乎难以觉察］；让神庙基座在视觉上感到下陷（做成略微下凹的形式）；将神庙顶部宽度进行略微调整以形成视觉上完美的竖线（通过"收分"**——将边上的柱子微微向内倾斜）；等等。这些精致的变形，我们可以认为是出于审美的考虑——让神庙看上去更加美观。他们对于理念性几何的使用，作出了细致入微的调整（也就同时暗示了理念性几何所存在的问题）：既然理念性几何给出了美的信条，那为什么还要在建造过程中作出调整？也许理念性几何不过是建筑师乐此

人所占据的场所圆圈是圆厅别墅平面组织的中心，而建筑中的理念性几何却将人体与完美的理念联系起来。这也暗示了一种信念，如同图中所示的达·芬奇所绘制的著名的维特鲁威人（上图），人体的完美形式也被归到了理念性几何中了。

古希腊神庙看起来是出于审美的原因，事实上同样根据理念性几何设计，也就是说，理念性几何使得这些建筑在视觉上更加和谐，更加美观。但是这些建筑中的几何形是有微差的，一般我们很难精确地得到其所使用的方式。比如这样一座小庙的立面，可能是根据正方形也可能是根据√2矩形设计的，并没有清晰明了的简单比例。

---

*　中文对译"卷杀"，术语来自中国古建筑中柱身略粗、柱端削成缓慢曲线的做法。——译者注
**　该术语同样来自中国古建筑的类似做法。——译者注

不疲的游戏罢了，也就是一套可以帮助建筑师对比例、关系、尺寸做决定的系统，但对于人本身来说毫无裨益。

建筑师使用理念性几何已经有上千年的历史了。在 16 世纪，米开朗琪罗就是用了正方形和黄金矩形，作为基本形设计了佛罗伦萨美第奇·劳伦斯图书馆（Laurentian Library）的大台阶前厅。

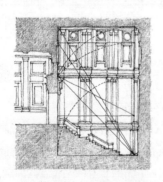

剖面

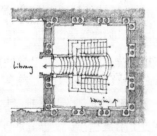

平面

这些理念性几何总是给人模棱两可的感觉，任何一个特别的设计都可以是（也可以不是）根据理念性几何进行的。在练习 9d 中，由于墙厚的干扰，我们已经在图形上遇到这样的难题。同样的问题也困扰着我们对于平面、剖面的分析。即使我们把透明纸上的图形覆盖在某个平面或剖面上时，我们也很难分辨出来隐藏其中的理念性几何。

举个例子，尽管我们把路易斯·康的埃西里科住宅平面看作 $\sqrt{2}$ 矩形，但是如果你把两端的烟囱也包含进去，它又看起来是个黄金矩形。

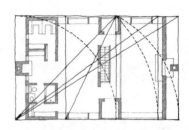

不过，黄金矩形确实用在了埃西里科住宅中，不过存在于更细微的地方。

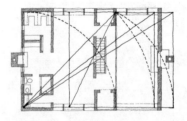

就历史学家而言，他们会纠缠于到底路易斯·康是不是实际上使用了几何形组合的手法，并且要以图纸为线索进行核实。但是就我们理解建筑表达方式和学习不同方法（即有实现的可能性）而言，我们有充足的理由说，路易斯·康确实使用了理念性几何去排布他的作品，并且仔细考虑了，对于建筑师（你）以及那些使用、体验建筑的人来说，究竟理念性几何可以提供给他们什么。

你应该尝试着在你的作品中使用理念性几何，分辨一下它能否使你获得你想要的，或者能否满足你在一种特殊情境下的诉求。你会惊奇地发现，几百年来大量的建筑师都运用了理念性几何。20 世纪的许多建筑在《每个建筑师都应该理解的二十个建筑》中都有详细的分析。密斯·凡·德·罗是个例外。但这其中的危险，或者也是形成一种积极结果的可能性，也会让你纠缠其中。

插曲：球体

球体是一个你无法用积木搭出来的形式。它是一个理念性几何的形式，一种柏拉图式的体块，也同样是实现建筑形式的一种非常有吸引力的方案。

万神庙（图1），建造于公元2世纪初的罗马。

18世纪末，由埃蒂安·路易·部雷（Étienne–Louis Boullée）设计的牛顿纪念碑（图2），未建造。

2000年建造于纽约的美国自然历史博物馆中的地球与空间玫瑰中心（图3），由波尔舍克（Polshek）事务所设计，包含一个球体的天文馆。

所有这三栋建筑，来自历史的不同时期，显示了来自球体的建筑形式。这些都暗示着其象征天空的形状。这些也展示出建筑师在运用球体形式时同样要面对的问题。这些问题主要来自理念性几何与其他客观存在的几何形之间的冲突。首当其冲的就是制作性几何；其次是人们行为方式的几何；二者都可以认为来自始终不变的竖直向下的重力。

使用石材或混凝土建造的半球形的穹顶，可以将重力通过球面的结构逐渐分散传至地面，但是如果是下半部半球，情况则完全不同。试想一个没充满气的气球放置在桌子上的形状：

上半部大约是类似穹顶的形状，而下半部则与桌子接触而被压成平面。

万神庙通过圆柱体的墙身代替球体的下半部来解决这个问题，即用竖直的墙体将穹顶的重量传到地面。牛顿纪念碑依靠巨大的石材把下半部空间包裹起来，并保证石材的稳定性。而在建造地球与空间玫瑰中心的天文馆中的钢框架，是一个整体性的结构，就像一个鸡蛋。下半部使用支座，把整个球体托在空间中。

球体可以说是对场所圆圈更高级的再现，将其扩展到三维。但是，和在地上画的圆圈拉伸到三维成为圆柱体不同，

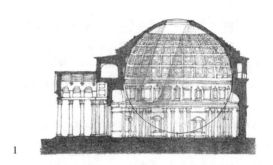

1

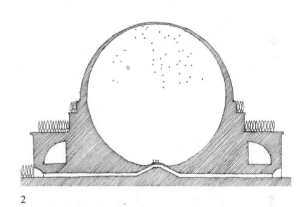

2

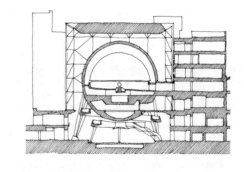

3

我们不可能像站在圆圈中心一样，飘浮在一个巨大球体的中央。还有，我们可以像古希腊圆形剧场中的演员一样，绕着整个剧场走动，如同一个水平面上所定义的场所圆圈；但是一个建造好的球体，由于重力的影响，我们却只有一小块面积可以活动。试想就如同你在一口炒锅（Wok*）的锅底运

---

* 原文 Work 特别指出是中式的、球面底的炒锅，即区别于欧美人使用的平底炒锅。该词来源于广东话，指"镬"。——译者注

动一样；或者是一个用来玩滑板的地面是不可能适合于用脚走路的。对于一个完美球体来说，在其球面上只有一个无限小的点是水平的。

再回来说万神庙，它通过将一半的球体变为圆柱，以换取水平地面的方式解决这个问题，使人们可以方便行走。那个在球面上水平的无限小的面积，在地面上标记出来，正对着穹顶的"天眼"（Oculus），这个"天眼"让一缕阳光投射进来，并沿着圆周在空间中变换。

牛顿纪念碑的室内则并没有打算让人去走；而仅仅是供人在空间的中心点矗立，接近于牛顿（重力的"发明者"）所曾经存在的那个点，给人一种巨大的冲击力。

而玫瑰中心的天文馆则用另一种方式来处理。一块水平的地面建造在球体大约中部的地方。以此方式，尽管从室外看这是一个球体，但在室内人们只能体验到半球体。

从入口的角度去考虑，球体同样是一个挑战。万神庙比起另外两个例子来说，要简单得多。门洞入口就在圆柱体的高度范围内，但即使这样，在平面上也有一点细小的冲突，就是矩形外廊的轴线并没有在圆形的室内（放射性几何形）

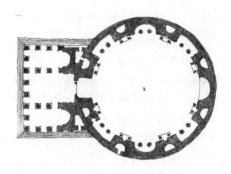

获得加强。

部雷通过让人们从球体正下方的地下空间进入的方式，解决了入口这个问题。玫瑰中心天文馆则是通过接近最大圆周平面的一段连桥供人们进入。

就如这些案例中所显示的，理念性几何强加于建筑形式时，会与客观存在的几何发生冲突：人们在制作和移动中的方式；重力作用的方式；以及建筑材料被堆积为建筑实体的方式。

练习 10　对称与不对称

当你在搜集案例时（翻开你笔记本中先前的练习），你可能会注意到在划分平面为房间和空间时的不同策略。我们已经在练习 8 中尝试过布局性几何的方式，但是这里还有更多的问题需要考虑：空间层次、行为流线以及与外在世界的关系。

理念性几何，在历史中更倾向于与轴线对称关联起来。轴线对称可能很容易与门洞轴线混淆，因为它们通常是同时出现的。但是无论是在平面还是立面，轴线对称包含了建筑师在做平面或立面的过程中，通过抽象的绘图方式，所表达出来的一种理念，它和从现象学角度的经验效果是不同的。也就是说，只有当你看到了建筑师的图纸，你才能知道他是否在设计中使用了轴线对称；但是你只要站在门洞口，你就可以体验到门洞轴线的存在。

对称轴是理念性几何的一个要素。它也是 20 世纪的建筑学所争论的主要线索。对称与不对称意味着，对于一栋建筑中空间层次和行为流线不同的态度。这些也会导致不同的室内外空间关系。

练习 10a　对称轴

门洞轴线可以成为空间组织中的一类工具。在前面的练习中，我们已经看到，例如当我们将一座房子两边各摆一张床，尽端中央放置火塘时，就会有这样一条轴线。

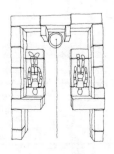

我们也已经看到，这也可以从概念上变为神庙、清真寺、教堂的经典形式，即通过方向感、沿轴线的行为流线，最终达到空间中最高潮的位置。

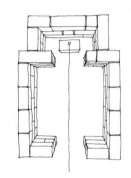

当我们画一条轴线时，无论是否从门洞引出，它就不仅仅是一条行为流线或一个视觉焦点，还是一种空间组织的原则。静态的人体，立正的姿势，对称的形态；那么，建筑的平面和立面也应该是对称的么？

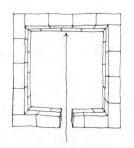

有很多种方式使房间在一个正方形平面中，沿着轴线进行布置。绝大多数古典的和"布扎"（"Beaux Arts"）的建筑都遵循这个规则。（你可以去维基百科查一下"Beaux Arts Architecture"。）

你可以用你的积木尽可能多的尝试这些变化方式。比如你可以在3×3的网格中布置平面，就如同（左图）三千年前古希腊死灵法术招魂间的核心区域一样，或者你也可以把平面布置得像圆厅别墅中心房间一样，或者是大致类似的如奇西克别墅 [下图，由伯灵顿（Burlington）爵士和威廉·肯特（William Kent）设计于1720年左右]。

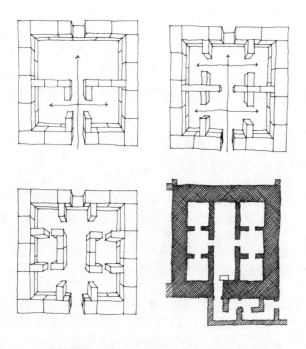

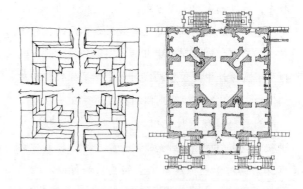

所有这些都定义了一个中央的轴线，人们可以沿着这条轴线移动，到达最重要的房间，或者偏离这条轴线，到达并不重要的房间。

对称，作为一种建筑学理念，成为了建筑中将一侧通过轴线镜像到另一侧的规则。这是一种强有力的规则，通常关系到地位和权威，但如所有规则一样，它也有其反面。

观察报告：完美的（不）可能性？

为了达成一个完美的形式，我们追求理念性几何并将其视为权威以掌控设计。同样，为了达成一种完美的平衡，我们也会追求轴对称或者是各部分相得益彰。但是，在真实的世界中存在理念性几何和轴对称么？比如柏拉图所说的，那些人们不断追求却总不能达到的理念（"形式"）？可能存在理念性几何和完美对称么？一些实例告诉我们这些确实不存在。

不完整的问题

在练习9a一开始，我们画了一个3×3的方格。

由于我们是用草图纸徒手画的，所以我们也能想象，这些线并不是那样笔直，方块也不是如正方形那样方。这个3×3的方块出自一个完美的理念，但是实现起来却与完美相去甚远。这个例子就说明理念（"形式"——正方形）与其实现的东西之间的差别。如果我们是用尺子画的，尽管会更笔直一些，但毕竟还有微差，因为线是有不同宽度的，这些无论我们如何细心也不可避免。就算我们用电脑制图软件，以极精细的方式在每条边用同样数量的像素点来表示，但是在屏幕上的显示也会稍有变形。

无论我们如何费尽心机，想实现一个真实完美的正方形，总是会有一些不如意，就算是在原子的尺度上。当然用你的积木去砌筑一个完美的立方体就更是不可能了。

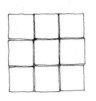 

无论我们多么精细地去切割，当我们把积木拼在一起时，总是会有那么一点点尺寸上的微差。同样，在你尝试去建造一个完美的立方体时，在三维上也会出现相同的问题。

这些不完美的问题同样会干扰你对于轴对称完美的追求。你若是想把你的模型小人儿摆成完全对称的姿势，那是极其困难的——就是不可能的。

这个原因首先在于，在制造过程中，每一组对应的胳膊、腿、关节等等，都不是完全准确的镜像操作。

当一个真实的人立正站着的时候，这或许能接近一个完美的对称的姿势。但是即使如此，人体也并不是完全轴对称的。也许某一只眼睛或耳朵可能微微高一些，某一只脚可能大一些：正所谓"人无完人"。

我们会把绝大部分时间花在不对称的姿势上。

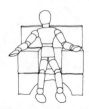

那么，当我们将小人儿站在立方体上（转向一个场所——立正并发表演说的场所）……

……我们会发现我们追求完美理念性几何和轴对称的企图会受到如下阻挠：积木和人的不完美；积木堆积和人的姿势的不对称。也许完美的价值不在于其（不可及的）实现，而在于其追求的过程？也许美并不在于对称或非对称的任何一个，而在于两者的互动（如同音乐中的节奏与旋律一样）？

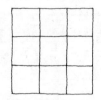

厚度的问题（再次提到）

再从那个 3×3 的方格开始。增加正方形边缘的厚度（如同平面中的墙体一样）。

确实，这些线并不笔直，正方形也并不绝对方正。但是还有个问题，那个正方形到底在哪里？

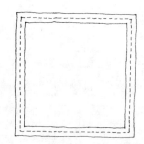

这个正方形到底是：我们扩大了的外圈边缘，还是包含在内的内圈边缘，还是我们可以定义为中线的中圈（图中的虚线）？（这个问题也会干扰到体育比赛：比如在足球比赛中边线是算内圈的，而橄榄球就是算外圈的；在网球比赛中，即使球落在非常外面但确实接触到外圈，就仍然算"界内球"。）这个问题就会干扰到我们对理念性几何各种形状的定义（正方形、圆形、黄金矩形等），无论边线有多细。

现在我们用同样厚度的线，将正方形分成9个小格。我们暂且认为图纸无穷大，而线无穷细（假设1个像素点，也就是在电脑中不能再细的程度）。这就好似一栋有9个房间的建筑平面，没有门。那么1个像素点就相当于是墙体的厚度[*]

---

[*] 原著逻辑是，1像素点相当于下图双线之间的宽度，而不是单线的宽度。——译者注

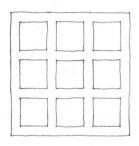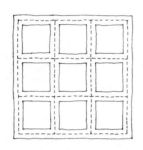

于是对于正方形的定义在此出现了问题。我们标记出线条宽度的中心线。我们好似看到大方格中套着9个小方格，但真的是这样么？

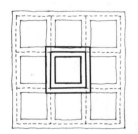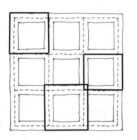

中间的正方形无论从内圈、外圈或者中心线算，都仍然是正方形。但是，靠边或把角的正方形，在定义上就会出现更大的问题。

现在，你量一下外圈边长，然后等分为三份。把两侧的三分点连起来。

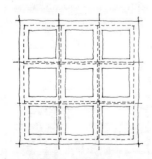

这些连线和原有的分隔小正方形的中线并不一致。于是我们发现，这个大的正方形并不是完全由这9个小正方形组成的。这里面还有更复杂的问题。

在你尝试用理念性几何去建造房屋的时候，这个问题同样会出现。这也同样能解释，为什么我们仅仅通过形状分析，很难定义建筑师到底使用了哪种理念性几何，以及建筑师如何决定其中的尺寸和位置关系。

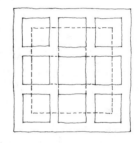

只有当我们将线的厚度取消，把9个小正方形紧紧排列的时候，我们才能达到完美的理念性几何。

如果我们这么做，就意味着不存在任何画线的痕迹，因为无论多细的线总是会出现厚度的问题。于是，这个正方形就消失了。

唯一能够呈现完美正方形的场所，只有我们的意识，一种理念。它不可能作为一种图纸介质甚至也不可能是电子介质存在。当然就更不可能作为一种实体材料出现在建筑墙体上了。

插曲：九宫格住宅

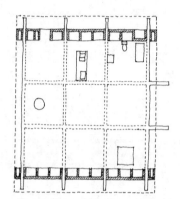

1　平面

日本建筑师坂茂利用九宫格设计了一所住宅，其中3×3的网格隔墙的厚度是可以消失的。它被称作九宫格住宅，1997年建于日本（图1和图2）。这所住宅的隔墙可以（通过轨道）滑动，并且嵌入到外墙体的插槽中。前后两堵玻璃墙也可以推到山墙两侧，让房间向室外开敞。隔墙可以多种方式划分空间。当住宅空间完全开敞，浴室、厨房以及卧室都连通起来，向外界打开。隔墙可以根据需求放置，以保证私密性。根据环境的变化，空间可以用各种各样的布局方式（当然在网格的限定下）。

即使如此，空间的几何也不可能避免厚度的问题（见上一个"观察报告"）。空间不得不由其所包含的方块来限定，这些方块之间还有供隔墙滑动的轨道。山墙并没有滑轨，而是储存空间，因此这个九宫格也不是完美的正方形。还有，因为山墙本身的厚度和隔墙长度并不一致，隔墙插入槽中也会打破墙体的直线形，而形成凹凸不平的形状。

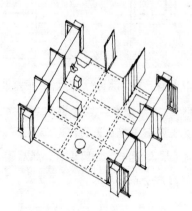

2

也许坂茂并不在乎几何形的完美。九宫格的想法似乎映射出日本传统住宅（图3），带有可移动屏风，可以任意挪动形成对外开敞的空间。日本传统住宅通过将墙体之间的空间用整块的垫子拼合，来避免缝隙厚度所产生的几何问题。这些垫子每一块都是1×2的比例，称为"榻榻米"。所以一间8个榻榻米的房间就是一个正方形，6个榻榻米就是4×3的矩形。

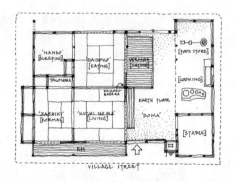

3

不可控制的外力

由理念性几何设计出的形式会表达出对完善、理性和审美的追求。它来自人类对超越自然的创造性力量的追求。自然的产物通常看起来有些瑕疵，或者相对一个完美的标准有些偏差。也许人类自视为完美的代言，将看起来缺乏思想、平庸无奇的自然物注入了秩序与原则。一些人将这种人类中心主义视为英雄主义；而另一些人则视为狂妄——一种被误导的、盲目自大的、百无一用的傲慢。

我们没必要去把理念性几何上升到形而上的高度。在做建筑的过程中，它还有更多形而下的关键作用是我们要关注的。当你面对一张白纸或者电脑屏幕，开始着手用这些东西做设计时，你开始画的第一个正方形（打个比方），就成为你做设计的起点和"抓手"。它会引导你进行整个的设计过程，引导你进入一个基于几何的设计系统，帮助你作出决定。

理念性几何可以帮助你作出设计的决定，让你思考什么是"正确的"；但是，几何无论如何是一个封闭系统，局限于其自身的领域（例如没有"在地性"，可参见《解析建筑》第153—154页）。理念性几何，其完美的形式仅仅存在于理念之中。但即使我们在建筑中达成这样的完美，我们还可能在真实的世界中遭遇诸多问题。

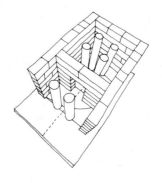

这里有一个例子。我做好了一个如练习9b中的模型（上图），结果我的夫人拿着条毛巾从边上走过。

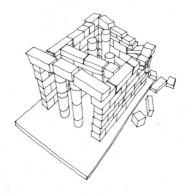

毛巾的一角扫过了模型，导致其中的一角坍塌了。于是建筑的形式改变了；它由不可控的外力导致。它获得了一种我不可能通过意识决定的形式。即使我想要撞击一下模型，我也会有意识地撞击一个我预先决定的位置，也许比毛巾或轻或重……结果就会不一样。我也会知道我是故意损坏模型的。即使是我将其全部清除，然后仔细而精确地重新搭建这种损坏的状态，从概念上来说，其结果也不同于毛巾扫过的偶然状态。

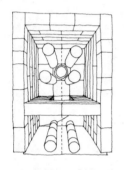 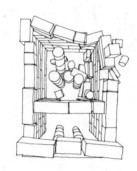

设想一下其他外力，这些外力会干扰建筑并使其发生形变，破坏其所追求的完美性。这些包括：天气——雨、风、雪、日照等；地质外力——地震、台风、火山运动等；植物的生长；其他人为原因——使用或改变引起的损坏，故意破坏，战争等等。

建筑师对于这些不可控外力的态度，让我想起哈姆雷特的困惑："究竟应该在精神上高雅地去遭受这些不羁命运的刀枪剑戟，还是拿起武器抗争以结束这汪洋大海般的困扰？"不过第三条路就是，去发掘并以美学与诗意的形式表达这些不可控的外力。

一些精妙绝伦的建筑作品，通过思维的游戏融合了偶然与控制、自然与秩序。这在一些园林设计中司空见惯，由思维产生的设计，通过植物生长的自然形式得以实现。在 18、19 世纪如画风格的园林中，如英国肯特郡的斯科特尼旧城堡，得益于拥有一座废墟作为其形式组织的焦点。在意大利，拥有 20 英亩的宁法大公园建在一片 14 世纪的旧城废墟中。

这也影响到了对待古代建筑的态度。在维罗纳的旧城堡（1950 年左右），卡洛·斯卡帕借用了这座建筑在不同历史时期的片段，构成了他的设计。还有经历二战成为废墟，在 2009 年重新开放的柏林新博物馆，建筑师戴维·奇普菲尔德保留了战争损毁的印记作为对这栋建筑历史的观照。你可以从网络上找到这些园林和建筑：

斯科特尼：www.nationaltrust.org.uk/main/w-vh/w-visits/w-findaplace/w-scotneycastlegarden/w-scotneycastlegarden-history.htm

宁法：www.fondazionecaetani.org/vista_ninfa.php

维罗纳的旧城堡：www.comune.verona.it/castelvecchio/cvsito/

柏林新博物馆：www.neues-museum.de/

练习 10b　推翻轴对称

你可以尝试打破轴线作为对称组织原则的力量，比如占据中心位置，或者堵住门洞轴线。

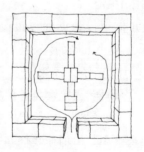

也许平面还是对称的，但是其对称的效果已经被颠覆了，因为人的行为被阻碍，被迫转换到一侧。这样这个平面不再被人体验到对称的感觉，而是一种环形的路径。

仅仅将门洞稍稍移开，就可以将平面从对称轴的权威中解放出来。

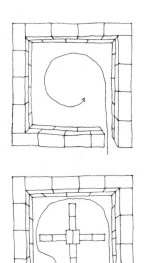

一个不对称的入口，消除了对称式的行为流线，加强了环形的或漫步式的流线。

例如，马里奥·博塔在其设计的桑河塔式住宅（Riva San Vitale）（1973 年）中，设置了一组常见的螺旋式路径穿过建筑，首层起始点位于偏在一边的入口连桥。这所住宅由正方形和黄金矩形等理念性几何组成，但是布置成为非对称的平面。

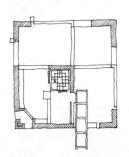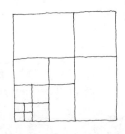

你可以将博塔的螺旋式路径的想法，用你的积木（简单地）模拟一下。这条路径引导人们进入一部螺旋楼梯，在接近塔的中心位置上下楼。

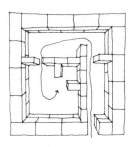

我们还是从一个简单的正方形空间和一圈围墙开始，来尝试分隔空间的不同方式，摆脱轴线的主导地位。首先我们把门洞开在一角，而不是原先中间的位置。

你可以用对角线的墙来分隔空间。

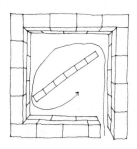

当斯维勒·费恩（Sverre Fehn）（1998 年）在维琴察的帕拉第奥的巴西利卡布置他自己的作品展览时，为了应对室内空间分隔的挑战，就设计运用了这种空间分隔的方式（当然稍有些附加的微小变化）。

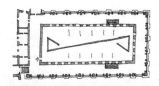

对角线的墙体不一定是直线的，也可以是曲线的。你要注意，人在这些不同空间中的体验，如何与墙体的精确位置相关联。在下页左上两图中的左图中，你进入一个狭窄的空间，忽略了左边的一个门洞，渐渐进入一个宽敞的空间；然而在下两图的右图中，你直接进入一个大空间，最终找到一个门洞（可能是上边的，也可能是左边的），进入到另一个曲径通幽的空间。

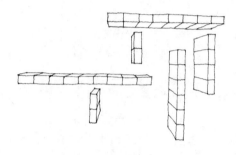

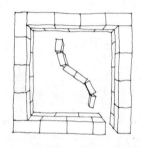 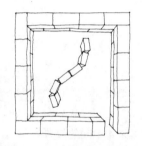

……也可能借助一些不会阻挡视线的透明玻璃墙体。

你可以用正交的墙体自由组合来组织空间，如同密斯·凡·德·罗所做的。

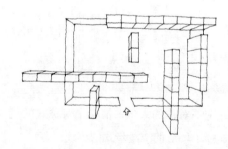

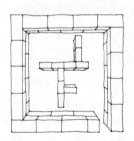

你可以想象这些空间将如何使用，也许是：一个入口大厅；一个餐厅；一间厨房；一间起居室；一间小书房。

这时你就会问，为什么墙体一定要贴在一起，或者一定要局限在围墙之内？也许内部的墙体就会开始从门洞中"逃离"。

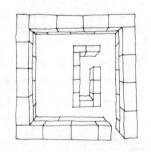 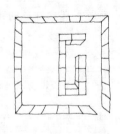

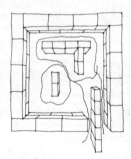

你可以在空间分隔中设置一个核心筒，可能包含浴室、更衣间、厨房等等（见上图）。当围墙使用玻璃而不再是石材时，这就成为了密斯的范斯沃斯住宅的概念（见《每个建筑师都应该理解的二十个建筑》），并且也是例如 50 英尺 × 50 英尺住宅等建筑的概念……

也可能你对墙体的自由组合，启发你不必拘泥于使用围墙。你可以定义，或暗示一个自成一体的场所圆圈。

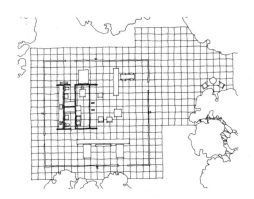

……其中核心筒包含机房、浴室，同时它也起到了分隔空间的作用，将厨房、卧室、起居室分开。

密斯在其院落式住宅中，尝试着一种可以被认为接近于翻转建筑概念的想法，即在实体的围墙内，用玻璃墙体分隔空间。

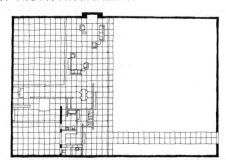

作为密斯这种概念的延伸，在奥斯陆国家建筑博物馆中（2008 年）……

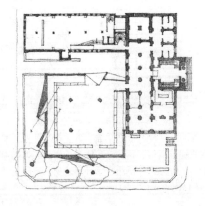

斯维勒·费恩使用了一组玻璃围墙，而屋顶用四棵柱子作为支撑，空间包围在与外墙脱开的一圈独立的屏风式的墙体中。这种打破空间的形式，开辟了一些特殊的向外观看的场所。你可以试着用积木模仿一下。

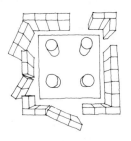

角部的入口避免了与四根柱子的轴线发生关系。你要注意，如果你把门洞换到了某一边的中间，你会发现原先空间的性质，以及暗含的一种动势（即你打算如何进入和穿过的方式）就会随之改变。

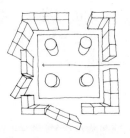

尽管外圈的开放墙体保持着不对称的形态，但是开在中间的门洞，仍然营造了一种与空间中心有关的轴线感。这样就会改变原先空间的性质。开在角部的门洞更有选择性；它给人在空间中自由漫步的预示，因为空间的展览——展柜与展架也都布置成并不那么正统的形式。

不对称可以衍生出五花八门的平面布置方式。你可以无穷无尽地去探索，去发现。这些平面或者与方案、地段有关，或者能提供给人相应的体验方式。

在你的笔记本上……

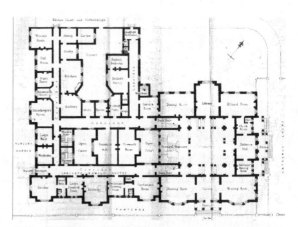

这是一张假想的"英国绅士的住宅"平面，从 19 世纪罗伯特·克尔（Robert Kerr）同名的书中拿来的。为什么会有部分是对称的，而部分是不对称的？

在你的笔记本上……搜集并绘制一些对称和不对称的平面案例。

你会发现无论是对称还是不对称，在建筑的各个历史阶段都会出现。你只需选取两类平面中的一小部分即可。你还应该搜集一些你能够亲自去参观的案例。仔细思考其中的区别。在每一个案例中，你都要考虑如下问题：

● 对称仅仅是建筑师为了一张看起来平衡的图纸，而做的绘图游戏么？

● 其中暗含了怎样的行为流线与人的体验？在这方面，对称与不对称平面的案例有何区别？（思考指向性与漫步式。）

● 当你将一些对称的形状组合成一个不对称的平面，会发生什么？

● 你会亲身感到对称空间和不对称空间的区别么？你是如何感觉到的？

● 在平面布置中，对称与不对称是否影响了你对你所在位置的判断？是否影响你在建筑中寻找路径？……

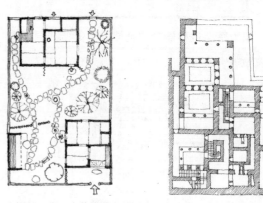

左图是一张日本传统茶室的平面。右图是一张在希腊克诺索斯的古代米诺斯宫殿，估计是王族的公寓。二者都避免强调门洞的轴线。在每个案例中，这种不对称，意味着他们如何对待等级的态度？

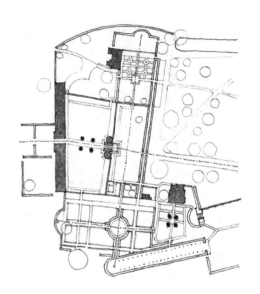

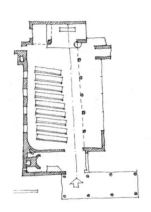

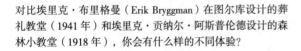

对比埃里克·布里格曼（Erik Bryggman）在图尔库设计的葬礼教堂（1941 年）和埃里克·贡纳尔·阿斯普伦德设计的森林小教堂（1918 年），你会有什么样的不同体验？

上图是西辛赫斯特公园的布局，囊括了许多在 20 世纪早期由维塔·萨克维尔 – 韦斯特和哈罗德·尼克尔森（Harold Nicholson）夫妇设计的建筑。下图是弗兰克·劳埃德·赖特设计的马丁住宅的平面。二者都是用轴对称的部分组合成更大的不对称整体。你如何评论，这些建筑师对待人在其中体验的不同感觉？

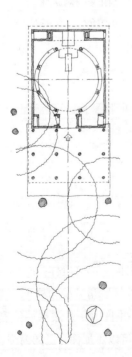

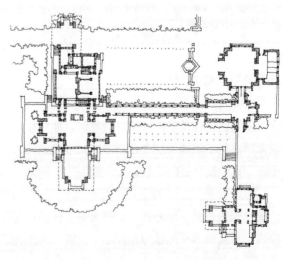

练习 11　与几何共舞

你已经如其他建筑师一样，可以用理念性几何做游戏了。这些游戏包括：将一类几何形层叠在另一类上；打破几何形；以及扭曲几何形。通过这些手法，以及孩子们的积木与板子作为操作媒介，我们会很快触及继续探索的极限。

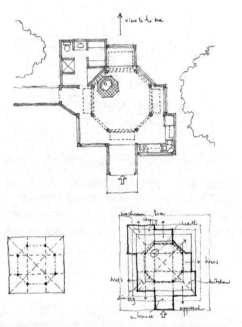

威廉·特恩布尔（William Turnbull）在其设计海滨牧场的约翰逊住宅（位于北加州海岸，1965年）中，起始于一个正方形，因为其与制作性几何相关（木板房）。而后他对正方形做加法和减法，以应对为居住设置的家具以及所设定的行为方式。

练习 11a　叠加几何形

如果直接在真实世界中进行建造，那对你来说无所适从；但如果你在建造之前先行绘制建筑平面，你会很容易在其中加入一些绘图的手段。

你可以想象（无稽之谈，纯属恶搞），当帕拉第奥刚赢得的一次委托，是要为退了休的神父保罗·亚默黎各（Paolo Almerico）建造一座宏伟

的住宅，在无所事事中摆弄这种十字交叉的形式，尝试找到一个想法。

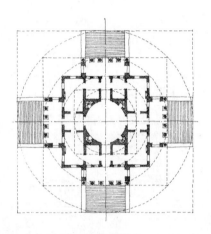

通过中心对称的圆形和正方形，帕拉第奥产生了圆厅别墅这种围绕单一中心格局的想法。但是他想用不同的方式把这种几何形叠加起来，打破原有中心以及相关的对称轴。

例如，你可以将正方形偏移一下，这样就可以组成非中心对称的格局，以及不同尺寸的空间。

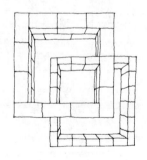

然后你去掉一部分墙体，按你的需要做一些空间。你可以将墙角替换为柱子（以支撑屋顶或上层墙体），并且用一些玻璃墙给室内提供阳光和视野。（你可以添加你自己的窗户。）

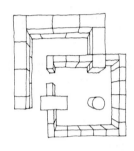
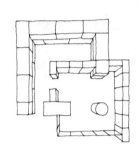

角。因为两个正方形共用一条 45 度对角线，所以基本上所有空间都是正方形。浴室除外，是为了要让出一条主入口通道，而餐厅是一个 1 × 2 矩形。

你也可以叠加其他理念性几何；比如一个正方形加一个圆形。

你可以想象这个相当简化的例子，可以容纳入口大厅、厨房和起居室等功能，或者可以是浴室和卧室。结果就和日本建筑师安藤忠雄在 1980 年左右设计的梅宫宅的平面相似了。

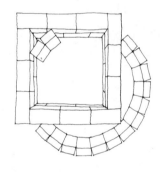

同样也要去掉一部分墙体，成为你所创造空间之间的连接。

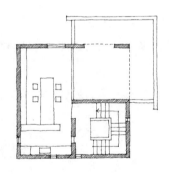

上层平面

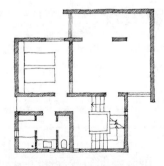

下层平面

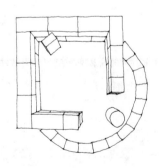

这间房间可以是一个角落安装了火塘，而另一角挑出一个圆形阳台。

这所住宅的底层为卧室、浴室、起居室，上层为餐厅、厨房以及部分有遮蔽的露台。两层之间的楼梯在大一点的正方形中，并占据一

安藤忠雄在日本设计的姬路文学馆（1989—1991 年）就是基于一个圆形与一个方形的组合（下图），当然这比刚才的模型要复杂得多。

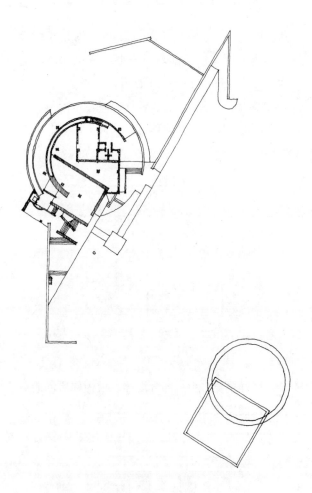

练习 11b　旋转几何形

你可以通过把一个正方形旋转一个角度，增加一种（表面上的）扭转。

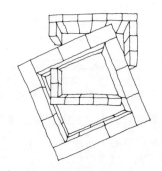

同样也要去掉一部分墙体，成为你所创造空间之间的连接；也可以加一些玻璃墙。

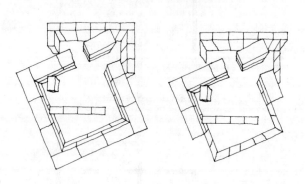

你也可以用你的积木或者绘图的方式，自己再做一些几何叠加的尝试。

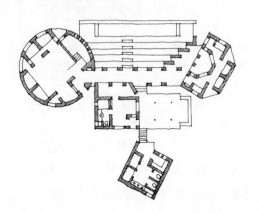

乔达摩·巴迪亚（Gautam Bhatia）在其设计的孤儿院（左图，1999 年，印度达姆达纳）中，使用了各种几何形。这栋建筑用砖石建造，主要还是遵循制作性几何

这可以是带有阳光房的起居室，三角形橱柜，以及小书房等，都通过三角形的入口大厅进入。

　　尽管带有更多的变化，这也接近于安藤忠雄设计的，位于日本神户的美能达会议大楼（同样在 1989—1991 年）。

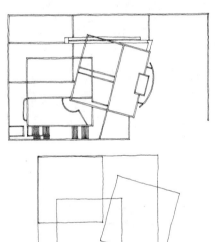

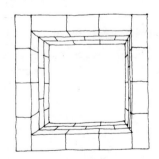

美能达会议大楼的平面由一组正方形组成，其中之一的扭转打破了几何形原有的可预见性。

练习 11c　打破理念性几何

　　还有一些选择，你可以看到当你打断一些几何形时会发生什么，比如分离一部分（图 1），切掉一块（图 2），或者是拆散为片段（图 3）。

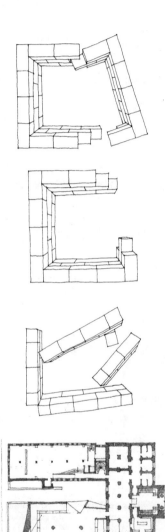

斯维勒·费恩在其奥斯陆国家建筑博物馆的展览（可参见第 121 页）中，打断了展廊玻璃盒子内的屏风式外墙，让人们有对外的视野。

　　建筑师阿尔瓦罗·西扎在 1970 年左右建造了卡洛斯·贝雷斯住宅（Casa Carlos Beires）。你可

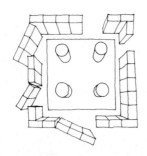

以在平面中看出他的概念。它就好似在一个 4×3 的矩形中打破一个角，加入一道锯齿形的玻璃墙体，就像是从墙体上撕开了一个裂口。

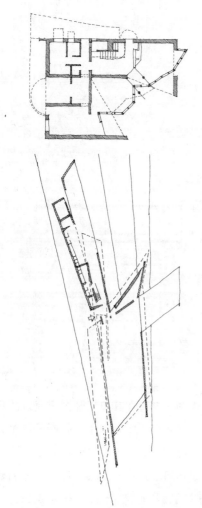

扎哈·哈迪德设计的维特拉消防站张扬着这种"破坏感"，甚至更加强烈。

这就好似是所有建筑中正交的元素都被打散，以歪斜的、另类的、偏离正交的几何形重新组合 [参见《解析建筑》(英文版) 第 167—169 页]。

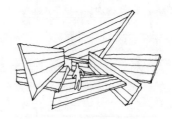

这就使我们想起了，在我们开始这些练习之前，所看到的那些想法：建筑退回到了无形式的积木堆。

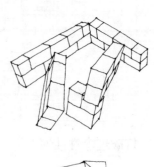

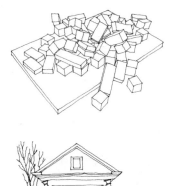

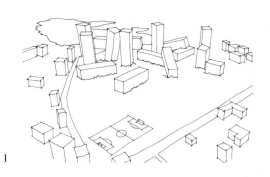

1

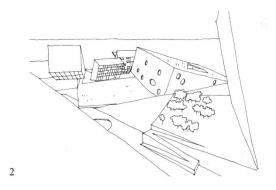

2

3

我们倾向于将破碎的几何形与损坏和拆卸联系起来。建筑中正交的几何形被灾难所毁坏：地震、台风、飓风、战争，等等。

在一些竞赛入围作品中，荷兰建筑师 MVRDV 曾经探索打破水平、竖直方向上的几何形，例如阿尔巴尼亚的地那亚岩石项目（图 1，2009 年）和西班牙的汽车城市（图 2，2007 年）。二者都是将一些体块组合得像是将要倒向大地似的。他们这些破碎几何形让人联想起意大利的博马尔佐公园（图 3，16 世纪）中倾斜的房子。所有这些都挑战着我们对于竖直墙体和水平地面的预期。这些确实遵循制作性几何，但是却旋转了一个角度。在博马尔佐倾斜的房子中，地面也是有坡度的，使人在室内产生奇妙的感觉。MVRDV 的两个竞赛方案包含可居住的空间，所以其地面仍然是水平的。所有这三个案例中的倾斜几何形，都与通常行走平面的水平（包括，最上图的案例，可与房屋后面湖面的水平性对比），与通常人体、树木的竖直，以及与房屋周围物体的正交（第一个案例中是和相邻的足球场），形成了鲜明的对比。

练习 11d　更复杂的几何形

数学，或者是永远存在的重力所施加的力量（根据牛顿物理学，重力可以用数学公式表达），可以产生比圆形、正方形或矩形更加复杂的几何形式。自然生长的物体有时更是遵循数学公式的体现。这里有两个案例作为你的练习：悬链线和螺旋线。

悬链线

简单来讲（无需数学公式），悬链线指的是，固定一条绳索或链子的两端，让其自然下垂所形成的曲线（图 1）。由于它是一条在重力作用下形成的曲线，所以当你翻转过来，就可以形成拱的坚固形式[*]，如同美国圣路易斯的大拱门[**]（图 2）。

你可以尝试用积木建造一个悬链线拱。在建造过程中，你可能需要"支模定中"（Centering）来作为积木的临时支撑。你可以在卡纸上描一条悬链线（从网络上下载），剪下来后用积木沿着它建造。你可以用抹灰这种"土办法"来填补积木之间的缝隙，将积木粘接在一起。

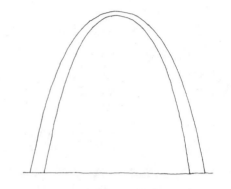

2

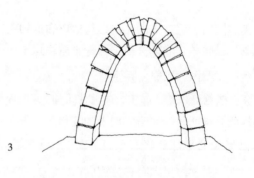

3

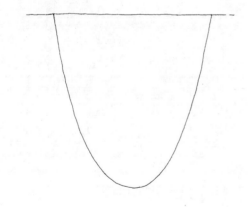

1

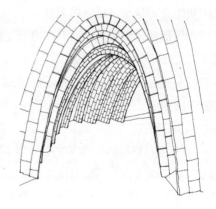

---

[*] 这个"猜想"首先由罗伯特·胡克（即发明胡克定律的那个人）提出。罗伯特·胡克既是一位物理学家，又是一位建筑师，悬链线的内容在其手稿中仅简单提到，后由莱布尼茨等人从数学上证明。——译者注

[**] 从设计概念上来说，可以认为如此。但从数学公式上来说，已有学者证明其结构并非悬链线形式。——译者注

西班牙建筑师安东尼奥·高迪在其建筑中使用了悬链线。这张图（上页右下图）画的是他在巴塞罗那的米拉公寓的阁楼上用砖砌筑而成的拱券。在其更大的圣家族教堂（Sagrada Familia）项目中，为了决定拱的形式，高迪曾经试验采用复杂的悬链线模型——悬挂一定重量的一串环。

螺旋线

螺旋线是一些贝类中所具有的形式。它是一种生长的形式。

它也会为建筑师所使用。你可以在你的板子上用铅笔和一段绳来描出一条螺旋线。拿出一块圆柱形的积木，立在板子中间。将绳子一端固定在积木上，把绳子缠绕在积木上。把另一端系在铅笔上。随着你旋转松开绳子，你就可以在板子上描出一条螺旋线了。

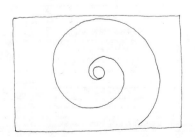

然后用积木搭出一个螺旋线。

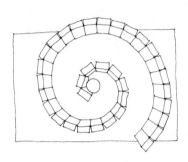

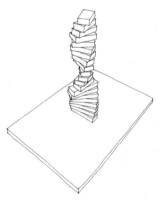

你也可以搭建一个三维的螺旋线——螺旋结构。在建造高塔时，按照同样的角度旋转每块积木。这也是我们一般在中世纪城堡的塔楼中经常见到的螺旋楼梯的实际形式。

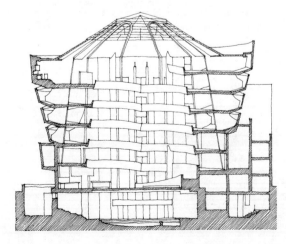

螺旋线也运用在许多当代建筑中。

20世纪最著名的"螺旋"建筑毋庸置疑当属弗兰克·劳埃德·赖特设计的纽约古根海姆美术馆（1959年）。

泽维·赫克（Zvi Hecker）设计的以色列特拉维夫郊区拉马特甘公寓楼，是以复杂和破碎的螺旋线和正方形、圆形组合起来的（下图）。

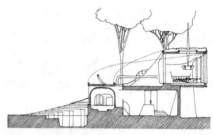

剖面（不同的比例）

牛田－芬德利建筑师事务所（Ushida Findlay）为新千年设计的住宅（1994年，未建成）由螺旋线构成，螺旋线从地面旋转到屋顶平台然后又旋转回地面。

而丹尼尔·里伯斯金设计的未建成的类似的方案，伦敦的维多利亚和阿尔伯特博物馆扩建，被称为"螺旋线"，据说受到了硬纸板折叠而成的条带的启发。

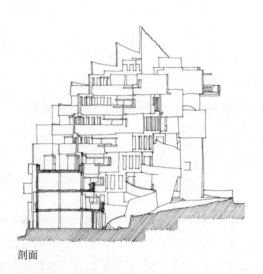

剖面

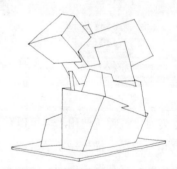

正如MVRDV所设计的球体和倾斜体块的方案，里伯斯金的螺旋线同样存在地面的问题。

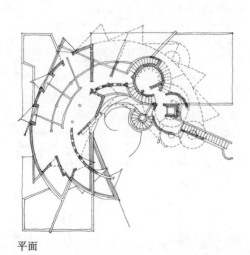

平面

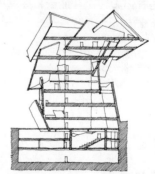

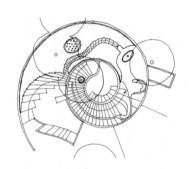

顶层平面

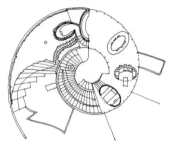

中层平面

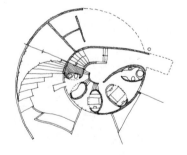

底层平面

在赖特设计的古根海姆博物馆中，地面是在整个建筑高度上缓慢上升的坡道。在牛田－芬德利建筑师事务所设计的住宅中，曲线由楼梯形成，水平的楼地面（带有曲线的裙边）对应着台阶的位置。在里伯斯金的剖面中，地面将建筑室内切成不规则的空间，而将扭曲的螺旋线形式更多的在室外进行表现。

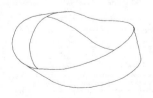

莫比乌斯环

建筑师会运用各种各样的几何形状（除了正方形、圆形等等，以及悬链线、螺旋线），作为生成建筑设计的基础：棱锥、棱柱、椭圆、抛物线、双曲线等等。不仅仅是里伯斯金会受到折纸的启发。UN 工作室（UN Studio）的本·凡·伯克尔（Ben van Berkel）基于只有一个面的莫比乌斯环（左下图）构思了一所住宅。你可以自己做一个莫比乌斯环，剪下一条纸带，将一端旋转半圈和另一端粘在一起。这个在阿姆斯特丹的莫比乌斯住宅（1988 年，下图），有着循环的空间，这个空间连接着居住者的家庭生活。

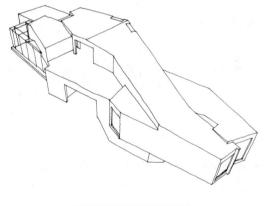

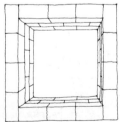

练习 11e　扭曲几何形

那些陌生的、非正交的、怪诞的东西都吸引

着眼球。扭曲更加剧了这种陌生感。它通常包括以下效果：使建筑看上去好像是在透镜、反射镜中变形的样子；让表面看上去是缠绕的、褶皱的、熔化的；使建筑具有流动的、液态的形式。这些效果在计算机软件的辅助下信手拈来。

这对于你使用积木进行尝试已经接近极限了。积木自身的制作性几何在生成自由曲线方面已经无能为力了。在以下图示中，我将用光滑曲线来描述模型。我也可以使用抹灰来调整积木交接位置的厚度，或者让积木从竖直的位置偏斜。即使受限于手头的材料，你仍然可以尝试摆脱制作性几何强加的限制，来创造自由形式的建筑。

比如，把积木堆积得更加有雕塑感，从矩形的权威中解放出来。每块积木的位置和朝向再也不是按照矩形所预期的那样，也不受周围积木的影响。每块积木就在自己的位置上，仅凭你的眼睛来判断。没有任何规则，只有你的审美感觉。你将墙体和屋顶都变成曲线的、斜面的，从限制中解放出来。

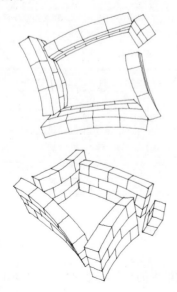

这些自由形式（而使用计算机软件将比积木有更多的、近乎无限的可能性）看起来很有说服力；它们当然更有魅力。本来不可想象的形状都变得可能。但是在另一些非正交几何形的案例中，你会发现有很多冲突的结果，不仅仅是与制作性几何冲突（这些都可以由计算机强大的手段克服），而且是与那些不可能修正的几何形——如重力、人、家具和门洞等等；那些与建筑中客观存在的几何相关的方面。比如屋顶，使用不规则曲线的形式，除了增加建造的复杂性以外，基本上没有什么其他的问题。但是，如果你的床铺、橱柜放置在不规则形状的房间中，靠在曲面的墙体旁边，这就会出现问题。

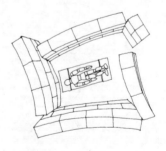

还有，即使我们人类乐于跋山涉水，但是如果在居住的空间中充满了不平整的地面，我们会感觉非常不适，因为它打破了我们的平衡感。

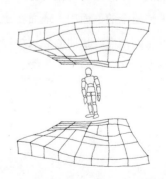

在你的笔记本上……

在你的笔记本上……搜集带有扭曲几何形的建筑案例。

扭曲的效果总是用于消遣，就像游乐场中吸引孩子们的东西，如同 "The House that Jack Built"*，或者出于商业目的吸引注意力，如建造在波兰索波特的扭曲之屋，由肖廷斯基和扎勒斯基建筑师事务所（Szotynscy & Zaleski）设计，主要就是一个扭曲的立面。

这栋波兰的歪斜房子的地面还是水平的，但是在他们在汉诺威世博会荷兰馆（右图，2000 年）的设计中，每一层地面都模拟了一种景观的类型。MVRDV 在其中建造了一组起伏的山峦表面。

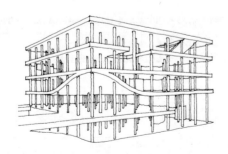

MVRDV 在其设计的荷兰希尔弗瑟姆的 VPRO 广播大楼（1997 年，上图）中，也曾经试验过一个扭曲的地面。

你可能也回忆起来（可参考《门洞》一书以及《每个建筑师都应该理解的二十个建筑》的描述）位于克利潘的圣彼得教堂，西格德·劳伦兹（Sigurd Lewerentz）把地面故意做得不平整，也许是对威尼斯圣马可广场地面的再现，也或许是受到了船甲板微微倾斜的启示。

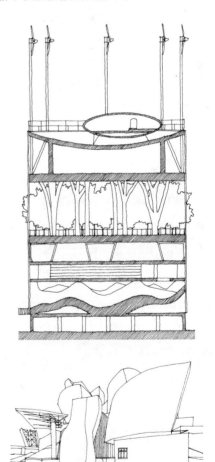

最著名的扭曲案例是弗兰克·盖里设计的西班牙毕尔巴鄂古根海姆博物馆（1997 年，上图）。抛光钛板所具有的雕塑感的扭曲形式，和正统

* 一首流行于 18 世纪中的英国童谣，以累积式的故事和不断增加的句子、韵律来吸引孩子。——译者注

的（通常都是正交的）城市环境形成了鲜明对比，招来了大量的观光游客，对扭转城市的经济状况功不可没。

很多建筑师都试图利用计算机软件，探索复杂曲线、扭曲几何形的潜力。

以及位于纽约哥伦比亚的环形住宅，由普雷斯顿·斯科特·科恩（Preston Scott Cohen）在1999年设计。

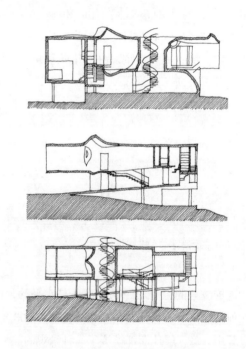

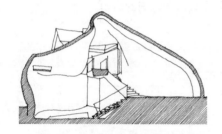

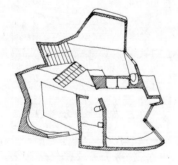

位于美国康涅狄格州的雷布尔德住宅，由克拉坦和麦克唐纳建筑师事务所（Kolatan & MacDonald）在1997年设计。

前者是一个完全自由，接近于变形虫的形式（但是仍然是水平地面）。后者则好像是房屋在穿过了某种磁力场而受到扭曲，其他的位置则仍然是正交的几何形。

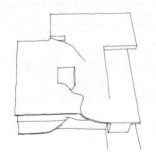

插曲：使用计算机生成复杂（基于数学）的形式

复杂几何形可以使用计算机生成。这是你的积木所无能为力的；它需要非常繁杂的资源支持才能用真实材料达成某种形式。利用计算机软件生成的复杂（通常是曲线的）形式，其他手段几乎无法达成。这究竟是不是"一件好事情"，至少在我写作时依然众说纷纭。它可以创造出非常轰动的建筑。也有人批评说，它把建筑退化成雕塑，过于强调三维上的轰动效果，而忽略了理性、诗意的建造与居住。在今天的《建筑设计》（Building Design）（2011 年 5 月 6日），我看到以下段落（这使我不必拘泥于非要找到学术性的论证）：

"弗兰克·盖里在二十年前展示了其龙飞凤舞的崭新的可塑性形式，当时所发表的惊人言论，在今天终于可以宣告，我们可以凭借计算机辅助，建造我们可以想象的任意形式。对此，塞德里克·普莱斯（Cedric Price）则回应：为什么我们要建造那些我们不需要的形式？"（这就如同问一个登山爱好者为什么要爬山一样。）

就在我的电脑中有一款排版软件，其中标记有"钢笔工具"的菜单，都可以让我随意涂鸦，画出来这样的复杂曲线形状。

更强大复杂的计算机软件，可以在三维上生成复杂形式，并且建立模型，计算每个构件的尺寸，使建筑得以建造 [通过 BIM——建筑信息模型，在第 85 页曾经提到，使用"非线性"软件，在《解析建筑》（英文版）的第 170 页有简要介绍]。一个案例是，一张用结构搭建的"面纱"，蒙在阿布扎比 F1赛道上的亚斯码头酒店上空（渐进线事务所设计，2009 年）。

借助计算机软件生成复杂形式，主要是应用了数学公式。

也许我们可以理解为另一种"理念性几何"的形式。但是它超越了传统上数学能够定义的形式。那些正方形、圆形、黄金矩形这些传统形式的魅力，已经被那些无限变化的曲线形式——断续的波浪、贝壳的纹理、褶皱的织物、变形虫的伪足等等——渐渐侵蚀。这些（似乎又一次）在表面上追求着自然形态的权威。但是这时的自然已经不再意味着圆形、正方形、黄金矩形这些欧几里得几何形，而是那些更符合动力学公式的复杂几何形：向量、非线性、分形几何，等等。

这些计算机生成形式的可能性，挑战着（也许是重新定义着）"制作性几何"，因为所有那些根据复杂曲线形式制作出来的构件，建造安装的方式都各不相同。不能再采用标准部件的方式（如同砖或者矩形的玻璃板），而是要将每一个部件独立、精细地生产，而后仔细地贴上标签，这样才能安装在正确的位置上，完成最终建造的"拼图游戏"。

第二部分总结

建筑归根结底是几何。它要做的就是将我们所生活的物质世界赋予形式，营造容纳我们自身和行为的场所。几何决定了我们如何建造。只有通过几何，我们才能努力达成完美的形式，才能达成与自然的和谐。

学习如何做建筑的一些困难，来自需要同时考虑几种不同的几何。更令人困惑的是，这些不同的几何并不总能达成一致。即使有这种一致我们也很难达成，无论我们对它们如何谨慎地排列它们之间相对的优先级，无论我们投入多大力量去解决这些矛盾。因为这些几何联系到建筑的不同方面——场所营造、人的形式、世界，以及它们相互之间的联系；容纳社会性的聚集；建筑构件的组装；复杂平面的组织；雕塑感的形式，等等——它们每个都代表着不同的主题。这些不同的几何，也从根本上启发了建筑师以不同方式做建筑。你可以将这些相对有优先级的要求归类为：现实的、审美的、道德的。

你应该有意识区分这些不同的几何。作决定时就是要考虑是否要使它们和谐，是否找到其中的妥协，是否要使它们保持一致……或者是发掘其中的矛盾。

在这一部分我们已经了解了建筑所涉及的那些不同类型的几何，其中一些由客观世界的作用所产生，而另一些则因为我们引入了数学。

这些不同的几何包括：

● **场所的圆圈**及其**中心**；

● 由门洞所产生的**轴线**，它与人们的眼睛（视线）相关，被围合的室内空间中视线可以集中于一个交点，在室外视线可以眺望到远处的自然景观直至地平线；

● **世界**的几何与**人**的几何，二者都有四个面或四个方向——东南西北和前后左右；

● 我们都有将相关的东西**保持一致**的癖好，使其干净整洁，或者将零散的东西整合（组合）起来成为一个整体；

● **人体测量学**——人体的几何，人体及其行为的尺寸；

● **社会性几何**——人类聚集为团体时所形成的模式；

● 由建筑所使用的材料形状所决定的几何，包括其建造安装的方式——**制作性几何**；

● 与家具和**布局**相关的几何，这些都与它们的制作相关；

● **理念性几何**来自简单的数学公式，或者是机械的堆积方式——正方形、圆形、$\sqrt{2}$ 矩形、黄金矩形等，以及立方体、球体、圆柱体、棱柱体等；

● **更复杂的理念性几何**，这些看上去模拟或超越自然形式和自然过程的几何——断裂、缠绕、波浪、贝壳、变形虫，等等。

简单来讲，这些几何可以归类为（简化了的）两种：一种是存在于客观世界中的和我们所存在于其中的——存在性几何；另一种是我们尝试施加于客观世界的——理念性几何。前者包括了我们自身的几何，以及我们解释世界的方式和我们进行建造的客观条件。后者包括我们以数学的、机械的方式去建造，无论是用尺规还是用计算机。

一些人将做建筑时遵循存在性几何的权威，视为一种道德和审美的行为（即使如我们所看到的这些几何会经常自相矛盾——例如场所圆圈与制作性几何的矛盾）。另一些人则宣称，正是在理念性几何的领域（当今则利用计算机的潜力），人类才可以打破"自然的"束缚，成就完美与高尚，并且逐步超越现实。

只有你自己，才能够决定你接受哪些观点。

很明显，建筑与几何有密切的亲缘关系。它们都主要存在于人们的思维中。建筑就是存在性几何的体现。理念性几何为建筑师提供了辅助；它提供了预先设定好的形式——正方形、立方体、圆形、圆柱体、球体，黄金矩形、$\sqrt{2}$ 的矩形，螺旋线、悬链线，以及计算机生成的更复杂的形式——并可以应用于设计。但是理念性几何也可以变得极具魅力，无论是因为其表面上的"正确性"，还是来自计算机生成并模拟自然美丽形式的精妙之处。那些由理念性几何所产生的权威性，和计算机所提供的可能性，很容易蒙蔽了建筑师对于其他几何的考虑。它们提供了一个超越现实、超越生活甚至超越真相的领域。但是这个领域很容易使人迷失，忽略了人、场所圆圈、制作性几何等等；很容易使人放纵自我（对于部分建筑师也是这样），篡改了本应对建筑使用与生活的考虑。建筑来自对生活空间的限定，但也同时成为吸引注意力的实体，它如一个雕塑摆出最佳的姿态，最终被限定在了一个矩形的相框中。

现在，让我们放下板子和积木，去领略外面的世界吧。

第三部分　出师入世

第三部分　出师入世

第三部分练习将带你走出那个"过家家"式的，在板子搭积木的封闭小世界。接下来的练习是你"出师"后将要"入世"的部分，在这个真实的世界中，建筑要被建造，许多客观因素也将发挥作用。

建筑学的学生很少能真正建造自己的设计作品。在全世界的建筑学院中，绝大多数学生不得不以抽象的方式学习，不断生产那些小于真实尺度的图纸、模型。然而，建筑的建造则是另外一回事，它是一项昂贵的活动，受到规范和现实需求的限制，也受制于承包商的建造工艺水平。学绘画的学生可以绘画，学雕塑的学生可以雕塑，学写作的学生可以写作。即使是学作曲的学生也可以组织他的同学组成一个交响乐队来演奏。而学建筑的学生几乎不可能将他的设计在真实世界中实施。由于学校的工作室所承担的项目变得越来越复杂，而设计却倾向于被认为是一项永恒的作品，那么真正实践的可能性则变得更加渺茫。但是在刚开始建筑学课程学习时，在一切都还是相对懵懂的状态时，学生们应该有这样一个阶段，通过做一个真实的建筑作品，享有改变世界（至少是世界的一小部分）兴奋体验的特权，哪怕只是个适当尺度的临时建筑。（当然，每当你漫步沙滩或徒步山林，每当你开始思考如何回应一个方案时，这种特权将伴随你的职业生涯，并不断重复着。）

练习 12　在室外景观中营造场所

这个练习估计会超过你的预料，它有更多的维度和微妙之处。这里将引入建筑学的各个方面，即使在最复杂的作品中，建筑学的这些方面仍然保持着相关性并保留着发展的潜力。尽管绝大多数建筑都是为真实环境而建造，但抽象的设计都始于绘图与模型（在绘图桌上或计算机上）。不过与此不同，这个练习你将在真实环境中完成，在真实的场地以真实的材料营造真实的场所。这就意味着，你可以对所在环境中的特殊性有更真实的感触（相比以抽象的方式学习）：场地（地形起伏、水流、远景、视平线，等等）；客观条件（微风、日照、土地等等）；可获取的资源（建筑材料、人力辅助）；那些已经存在的事物（自然的或人造的，邻近的或遥远的）。

对这些特殊性的回应与互动，使建筑具有了丰富的意义。有了这些对于特殊性的考虑，并发掘更多的意义，你的建筑将脱离那个封闭不透气的概念世界。但这并不排斥你将自己的想法加入其中。

练习 12a　准备

与此练习相关，将有太多的事情需要考虑。在开始之前，你需要在思想上做好如下准备：

● 你可以去任何地方去做这样的练习——走向沙滩，走进森林，踩在水边，爬山上树，等等，或只是去你们家的后花园或院子（无论你去哪，你要保证不能侵犯他人的领地和财产）；如果你不能想去哪就去哪，那就只能调动你的想象力来做练习了（毕竟，这是大多数建筑开始的地方）。但最好还是在一个真实状态、真实条件、真实材料中去学习。

● 一般来说，任何建筑方案最早的决策（除了地段被提前设定或有所限制的）都是选择你所建造的地点——在开敞的空间中，在一棵树下，靠着一块岩石或一堵墙，毗邻一条小溪，等等；这需要你有辨识的潜力；你对地点所做的决定将带来重要的结果和潜在的可能，当然也会有特别的麻烦；思考你的场所如何与环境结合，如何获得视野、遮蔽物、支持、可定义的入口（即可控的出入路径），等等。

● 仔细思考，想象你将如何使用已经存在于场所内的东西（而不是你不得不采用的东西，毕竟你错过一次机会就非常可惜）；你可以利用树荫作为遮蔽，将岩石作为场所的中心点，或者一个座位，或者一个祭坛，将墙作为遮风避雨屋顶的支撑，用溪水让你的脚更干净更清爽，等等。

● 另外一个需要尽早做出的重要决定，是你在新的场所中打算创造的内容—— 一份你的方案简介（计划）；你将独自享有，还是可以容纳一个特定的"拥有"（你的宠物狗、小伙伴、一件艺术品、某种类型的"神祇"……），或者限定一项特别的活动（做饭然后吃饭，玩游戏，举办某种仪式或典礼，讲故事，唱歌，谈恋爱……）？也许只要静静地坐下远眺大海就好，等等。记住，使用空间的潜在方式是营造场所的关键。

● 你会用到可获取的任何材料（只要不会引起犯罪行为，砍伐树木，或者未经许可动用他人财物）；如果你愿意你可以随身携带一些装备——长线、绳子、毛毯或浴巾、风障、一顶小帐篷等；你也可以只用地段上找到的东西来营造一个场所。

● 你也要随身带上工具；如果你有一个机械的挖掘机，当然比徒手刨可以挖出更大的坑！但是一般来说，一把小刀或者小铲也绰绰有余了；记住这些练习绝对不能造成不可逆的损坏。

● 场所营造涉及加法与减法，挖掘与堆积；它可能需要你在沙地上挖一个浅浅的坑，或者需要你清理地面上的杂草和石头。

● 你的任务是营造真实的场所，并不是一个模型（比如小孩子堆的沙堡，洋娃娃的沙房子，或者沙子做的高速路立交……）。

● 不要太有野心，也不要太过谦逊；一些在景观中最强大的场所其实非常简单——一块或一圈直立的石头，一座山洞，悬崖边的一块平台，树下的一片阴影，等等。品质并不是复杂的必然结果；如果你想要营造一些简单的场所，不用花很长时间，少做几个即可。更重要的是花一些时间去反思：这些场所对于外在景观有什么样的作用；思考对你——一个占有者、设计者来说——有何意义。

● 三思而后行（这就是所谓的"有想法了"，记住：建筑就开始于"有想法"）；但是也要准备好（为了更好的事物而）修改你的想法，因为当你在营造场所时，你要回应场所中的突发事情。

● 场所营造都凭借想法。你需要提出想法，没人知道想法从何而来（通常想法来自记忆，这些记忆需要不断存货）；但作为建筑师，这就是你的本能和诀窍，也是你在交易中的库存。

● 享受（为了信念中更好的事物而）改变世界带来的力量（和震撼）。

● 然后，你最好清理掉你的场所，将地面恢复原样；不过，如果你不需要采用这种直接的方式，你也可以观察其他人如何回应你的场所，也许会使用（如你设计的），也许绕场一周用怀疑的眼光看着，也许会有改动，也许干脆毁掉。

● 反思当你拆除你的场所时的心情（有个侦察兵让我惊呆了，他告诉我，当他离开他生活了一周的营帐的时候哭了）；有时我们很喜欢带着恶作剧的心态破坏一个场所，也许是幸灾乐祸，或者是扫除对世界傲慢侮辱的歉疚（虽然，拥有一份改变世界的勇气，是建筑师的必需）。

你将学到什么

这个任务的主要目的，是让你的想象力与所有建筑的主要目标结合：定义场所。它要求你在现实中完成（而不是以抽象的方式，借助

159

绘图或模型）。它要求你做真实的（即使是临时的）建筑作品。它要求你以临时的手段，用手边可以直接获取的、日常的、免费的材料来做建筑；也就是说，它不需要正式建设许可，也不需要巨额的花费。它涉及对真实客观条件的应对：太阳、天气、场地（地形起伏）、地平线、景观中已有的特征以及其他生物（包括其他人）。这个练习要求你去仔细思考，场所如何容纳其中的内容：人、附属物、行为、情绪，等等，它们需要你的限定。

尽管这个练习倾向于利用不那么复杂的建造方式，建立相对小尺度的场所，但是仍然需要你探索所有在建筑中发挥作用的微妙的维度与细节的因素。

160 **练习 12b　通过选择与占据，定义一个场所**

做建筑最初级的过程，根本不需要建造任何东西。建筑始于占有。你定义一个场所，因为你在那里。

无论你在室外任何地方，仔细研究一下你所在的环境，选择一个地方让自己安顿下来。

如果你发现很难找到让自己安顿下来的地方，一个办法就是凭借机缘巧合（古代在营造场所时作决定的常用方法）——这种机缘巧合通常如投石问路，观察鸟栖居之所，甚至看婴儿走路在何处跌倒，等等，而后选择那个地方作为场所。按此做法，机缘让你作出决定，也同时给你带来

挑战 [尤其是鸟会在很高的树上栖居，或是悬崖半空，或是漂洋过海，婴儿也有可能在海滩边的岩池（rock pool*）里跌倒]；如果你相信机缘，那就要随缘。

另一种办法是，你可以通过分析诸多可能性中的优势与劣势，来决定将自己安置在什么地方。按此做法，你需要在意识中生成关于这个场所可以做什么的一些想法，即使是最简单的坐下来看本书等等；当然同样可以选择一个场所来数数过路的行人，或者举办某种仪式；你也可以给你的好朋友搞一个突然袭击，闪现在他眼前，或是很亲密的交流。

无论你作何选择，你将要进行的活动（无论主动或被动）都将会（也应该会）影响到你的选择；不同的活动需要不同的环境。

在此练习中，你正在做的事情，其实是你曾经无数次无意识做过的事情；而这次，你要有意识地发现，你正在做什么事情，你是如何做决定的。

在这个阶段，无论你要让这个场所更舒适，还是能使你更有效地进行你所选择的活动，你都不要加上或减去任何东西，不要以任何方式改变你的场所。你已经通过选择你的场所、权衡相关的因素，开始了你做建筑的过程。思考如何改变环境是你做建筑的第二步（但经常会被认为是第一步），也就是说，要根据需求与意愿，产生一个从物质上去改变世界（或其中一小部分）的想法。

---

* 也叫 tide pool，潮池，海边由于存在突起的岩石形成封闭的环形，在落潮时会保留高于海平面的一小块水面。这里是许多海洋生物栖居之所。——译者注

在你的笔记本上……

1

2

3

4

5

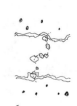
6

在你的笔记本上……画出一些案例（根据你的经历、记忆和想象），通过选择与占据来定义场所。

在你生活中的某段时间，也许你曾经坐在树下的阴影中（图1）；也许你曾经站在岩石的最高处，高唱着"我就是这座城堡的国王"（图2）；也许你曾经坐在岩池边用脚打着水花（图3）或者蜷缩在山洞中躲雨、避风、"藏猫猫"（图4）；也许你曾经爬到最高的枝杈上侦察地形或者仅仅是虚张声势（图5），或者寻觅着溪流上的小径，小心翼翼地一个石头一个石头地跨过（图6）。这些都是通过选择与占据来定义场所的案例，都是锻炼你最基本的建筑学本领的练习。

你也许已经做到以上的事情，并满足于练习12b，但是或许还有其他的练习，你有机会可以试试。你也许刚刚想要在一块已经存在于室外景观中的岩石边坐下来（图7），你可以感受一下它的亲密程度，或者以它为一个基点——也就是说，你发现在它旁边是一个特殊的位置，而不是随处漂泊的感觉。你可以躲在岩石的裂缝中，而向外张望来观察他人（图8）。你也会发现两块岩石而坐在当中（图9），或者两棵树形成了一个门洞（图10）。你也可能发现森林中的一片空地，像是一个空房间（图11）。

7

8

9

10

11

你不需要对这些东西做任何事情。只要你看到它们（将其视为场所），占据它们（即使在意识中），它们就变成场所。这些都是你的种子，日后可以生长出更加成熟而永久的建筑。

你也许要找一片地方用来表演。戏剧导演彼得·布鲁克（Peter Brook）和他的公司已经在全世界各种非正式的舞台上进行过演出。他是如此描述他所做的选择：

"从简单务实的角度讲（这是一切的基础），我们会寻遍四周，找到几棵非常美的树木或者那些村民们经常聚集在一起的一棵树，作为表演的场所；或者是微风徐徐的场所。可能这块土地起伏不平，而那块土地平坦整齐。在某些地方，自然的地形就有一小片平整的土地稍微隆起，就可以让在旁边有更多的人来看。从空间上来说，人所触及的那些东西，应该都是建筑师亲自经历过、挑选过的、那些更好的东西——建筑师会说：'这个行，那个不行'。"

——彼得·布鲁克，引自安德烈·托德（Andrew Todd）和琼-盖·勒卡特（Jean-Guy Lecat）所著《开放的圆圈》（The Open Circle），2003 年，第 49—50 页。

"行"的感受，其中部分来自，人们自古以来对室外景观的回应和与其相处的关系。例如苏格兰的丢尼诺巢穴这样的地点，估计千百年前就是用来进行宗教仪式的。其地形就是为戏剧而生的：森林河谷间的一座岩石崖角。

你可以想象在崖角顶部举行仪式的过程，人们就站在石头下面的河岸边观看。

剖面

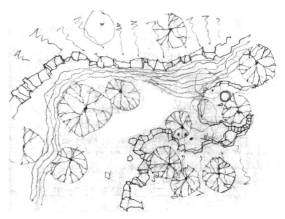

平面

远望与遮蔽；遮蔽物与竞技场

在杰伊·阿普尔顿（Jay Appleton）的著作《景观的体验》（The Experience of Landscape）（1975 年,第 58 页）中引用了奥地利动物学家康拉德·劳伦兹（Konrad Lorenz）的话：

"我们走在丛林间……我们即将到达森林中的空地……我们现在缓慢地、小心翼翼地踩着每一步。只要在我们离开那最后一片灌木丛的隐蔽，暴露在这片无边无际的大草原之前，我们就做着所有野生动物，也是所有自然学家们所做的事情；那些野猪

147

和豹子、猎人和动物学家，都在同样的环境中生存：我们在侦察，在寻觅。在我们离开掩体之前，尽量从这些掩体中获得优势：这里提供了猎杀与被猎杀的可能性——等同于看到与被看到。"

你也许在选择地点时会考虑这些事情。坐在湖边的森林中……

……你隐蔽在森林中，但是可以看到水中的竞技场里所发生的事情。

坐在一个山洞中，你既获得安全的庇护，又拥有远望的优势，你可以看到任何人——敌人或朋友——接近你。

就如同你与场所的关系一样，我们还可以拓展到你的大脑与外在世界的关系。

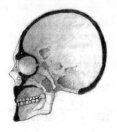

你在室外景观中所选择占据的场所，就如同你的颅骨：对颅骨内采取保护措施，连通的门窗则是你的眼睛。

与视平线、地平面的关系

当你评价或选择场所的时候，你也会考虑到这些：

"我的兴趣通常是考虑在视平线（地平面）中人的位置"，"在一个建成环境中……所有我们所建造的东西都以地面为参照，都根据地面进行调整，因此视平线就成为建筑中的一个重要方面……我们如何将人放在天地之间？"

斯维勒·费恩，由费耶德引用并翻译的《斯维勒·费恩：思维模式》（Sverre Fehn : The Pattern of Thoughts），2009 年，第 108—110 页。

由于场所与地平面的关系，不同的场所会有不同的特性和可能性。

试想你与环境的不同关系，比如你在悬崖边，在山洞里，在地下隧道中，等等；和你站在平地上做个对比。

单纯使用

场所仅为使用而创造。羊穿过山坡（或者猫穿过草坪）就形成了路。人在门边划根火柴点燃烟斗，就在石头上留下了黑色的划痕。地上的一摊血显示这可能是谋杀现场。无数朝圣者的手指磨光了圣像的脚趾头。艺术家米罗斯拉夫·巴尔卡（Miroslav Balka）在其关于老家的电影中，展示了他的祖母房间中一块打着补丁的破旧地板。那是她每天跪在地上祈祷的地方。巴尔卡称之为"印记"。那里曾是他祖母的教堂，而现在是他祖母的骨灰盒。这部电影在：http：//channel.tate.org.uk.media/47872674001（2010 年 6 月）。

场所是记忆的容器。场所与意义，场所与记忆，是相互交织的。场所讲述着人与其所占据的世界最紧密关联的故事。

插曲：乌鲁汝（艾尔斯岩）[Uluru（Ayer's Rock）]

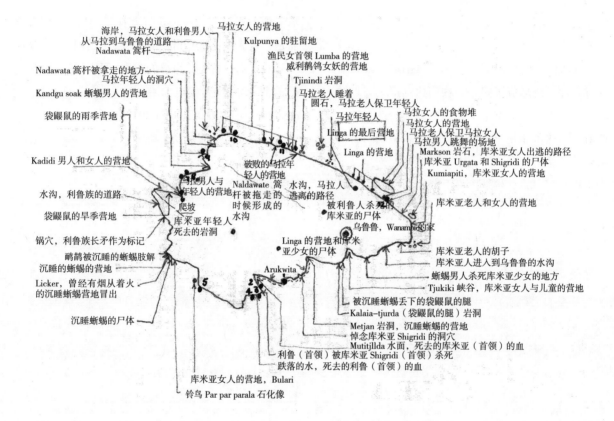

海岸，马拉女人和利鲁男人
从马拉到乌鲁鲁的道路
Nadawata 篙杆
Nadawata 篙杆被拿走的地方
马拉年轻人的洞穴
Kandgu soak 蜥蜴男人的营地
袋鼹鼠的雨季营地
Kadidi 男人和女人的营地
水沟，利鲁族的道路
爬坡
袋鼹鼠的旱季营地
锅穴，利鲁族长矛作为标记
鸸鹋被沉睡的蜥蜴肢解
沉睡的蜥蜴的营地
Licker，曾经有烟从着火的沉睡蜥蜴营地冒出
沉睡蜥蜴的尸体

马拉女人的营地
Kulpunya 的驻留地
渔民女首领 Lumba 的营地
威利鹊鸰女妖的营地
Tjinindi 岩洞
马拉老人睡着
圆石，马拉老人保卫年轻人
马拉年轻人
Linga 的最后营地
破败的马拉年轻人的营地
马拉男人与年轻人的营地
Naldawate 篙杆被拖走的时候形成的水沟
水沟，马拉人逃离的路径
被利鲁人杀死的库米亚的尸体
Linga 的营地和库米亚少女的尸体
Arukwita

马拉女人的食物堆
马拉女人的营地
马拉老人保卫马拉女人
马拉男人跳舞的场地
Markson 岩石，库米亚女人出逃的路径
库米亚 Urgata 和 Shigridi 的尸体
Kumiapiti，库米亚女人的营地
库米亚老人和女人的营地
乌鲁汝，Wanambi 的家
库米亚老人的胡子
库米亚人进入到乌鲁汝的水沟
蜥蜴男人杀死库米亚少女的地方
Tjukiki 峡谷，库米亚女人与儿童的营地
被沉睡蜥蜴丢下的袋鼹鼠的腿
Kalaia-tjurda（袋鼹鼠的腿）岩洞
Metjan 岩洞，沉睡蜥蜴的营地
悼念库米亚 Shigridi 的洞穴
Mutitjllda 水面，死去的库米亚（首领）的血
利鲁（首领）被库米亚 Shigridi（首领）杀死
跌落的水，死去的利鲁（首领）的血

库米亚女人的营地，Bulari
铃鸟 Par par parala 石化像

将意义赋予室外景观中的场所，这种方法对于理解我们所生活的世界非常有意义。我们选择场所坐下、藏身、睡觉等，是基于舒适、隐蔽、安全等标准。这些场所同样由于记忆的存在而获得了意义。我们重新到达一片海滩，也许会记得一块特殊岩石的位置，因为我们曾经坐在这里晒太阳，或者躲在这里"藏猫猫"。场所也可以由历史——某某在这里讲话，或者被谋杀了，或者死于空难；或者与神话——关联而获得意义。

澳大利亚传统原住民文化就和自然景观之间有着紧密的关联。这里很少有明显堆砌而成的建筑。那些确实是人们做出来的建筑，绝大多数都是将其全部的意义赋予了自然景观中的特定场所。以乌鲁汝（艾尔斯岩）为例，这里有数以百计特定的场所，每个场所都与某个特定的神秘仪式相关联（其

中一些标注在上图中）。在这块巨大的红色岩石上所赋予的场所意义，对于土著人来说就相当于欧洲人的大教堂一样。

传统原住民文化以相似的方式对更广阔的自然景观赋予意义。那些梦乡中的神话故事，不知从哪位祖先口中传出，如丝线一般编织起来。这些"歌曲之线"如同萦绕耳畔的声音，留在一代又一代人的记忆中，保留下来原住民对于自然景观的原始理解。

每个人都在我们生活、成长的邻里间做着类似的事情。每个人都可以讲述涉及特定场所的故事，并且编织出在纯粹物质环境中叠加了个人感知的地图。这些感知地图，不论是个人的还是群体的，对建筑来说至关重要。建筑来自我们定义场所的本能以及现实存在的需求，这些地图则是建筑最有意义的表达。

1

练习12c　（开始）以某种方式改善你的场所

你已经选定了一个点作为你的场所。也许你可以住进去、占据它，并以某种（可能是细微的）方式给你一种"家"的感觉。现在让我们对这里做些改变，让它变得更好，更符合你的实际需求，或者更有趣、更优越、更美丽。

你可以用椅子、毛巾或者风障作为场所限定，在岩石的裂缝处建立一片营地（图1），好像是蜗牛的壳一样，躲在这里意味着安全（比如仅仅是要换一套泳装）。

2

你可以在一对岩石之间划出一片地，铺上毛巾坐上去更舒服，支起一把遮阳伞为你挡住阳光（图2）。这样，你就让自己置身于一间有石头山墙的小房子中。

在一个清凉的晚上，你可以在岩石间的空地中生起一堆火（图3）。这里就成为可以烧烤、聊天、唱歌的场所。

3

在丢尼诺巢穴中，人们仔细在岩石崖角上开凿出一洼圆形小坑。这大概是用于洗礼等祭祀的活动。在小坑旁边则开凿类似于脚印的形状，这可能是主教牧师所站立的地方。

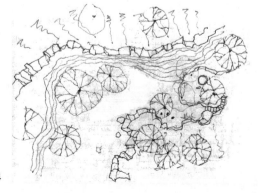

4

其他感官

你可以采取其他方式，而不是在形体上改变自然景观的肌理。比如，你可以通过声音来定义你的场所。挪威建筑师斯维勒·费恩写道：

"有一次我去希腊，白天我坐在树下（这里是，斯维勒·费恩在自然景观中营造了自己的场所）"，"我研究了一位牧羊人和他的羊群（这里是，遮蔽物与竞技场）"，"我就想，这里有一个人，以自己的声音为伴漫步在大自然中。他在自己的口哨中获得了一种声音的构成形式。这个人用他的乐器与大自然进行着声音的对话。这个牧羊人将大自然作为了自己的大剧场。"

斯维勒·费恩，由费耶德引用并翻译的《斯维勒·费恩：思维模式》，2009 年，第 15 页。

费恩接着引入了教堂的钟声（想必他也引入了清真寺宣礼员召唤忠诚的信徒进行礼拜的喊声），这些声音通过定义场所（关系到某种特定的宗教或仪式），使人们注意到建筑的力量。

你也可以通过味道（如香水）来定义场所。你可以想象某些情形中，嗅觉成为场所特性的一个重要组成部分。

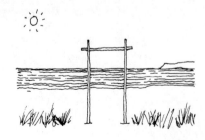

我曾经在很多建筑院校的教学项目中，进行过这样的场所营造练习。一种情况就是，一些学生只在一片沙地的最高点上，用三个树棍儿摆出一个门洞的样子。

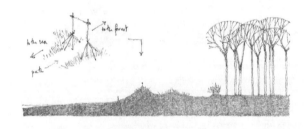

从岸上这边接近这个门洞，它定义了一个场所，使你可以在这里第一眼看到广阔无垠的大海全景（下图）。而从另一侧——海边接近，这个点又使你第一次感觉到森林中散发的松香。这个门洞定义了一个令人感动的门槛式场所。这个门槛标记了场所，也以建筑所产生的不同效果框定了场所。

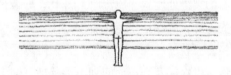

练习 12d　在空地中营造一个新场所

不借助现场已有的东西，你同样可以靠自己定义一个场所。我们将海滩当成一块原始的、空白的画布。站在一片开敞的海滩上，像是卡斯帕·戴维·弗里德里希（Caspar David Friedrich）的油画中的僧侣，《海边的僧侣》，1808—1810 年……

……你定义了一个场所。以你自己的方向性（人体的几何），你开始将建筑赋予场所。

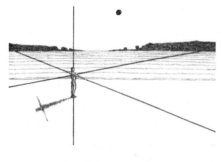

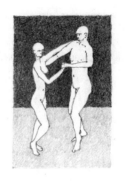

……你建立了你自己的舞池（你的脚印将是这种限定的标记）。这个场所就是希腊露天剧场舞台的前身。它唤起人、活动与自然之间关联的力量。

躺在地上，你就定义了一张床。

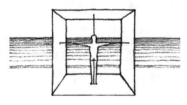

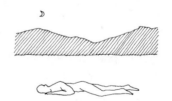

你站在那里，如同一个将要长出建筑（神庙或住宅）的种子。你所面对的方向，就将成为那座神庙或住宅的朝向（上图）。建筑将作为你与环境的媒介；建筑也成为你的存在和几何的再现。

在海滩上跳舞……

插曲：理查德·朗（Richard Long）

艺术家理查德·朗曾经在世界各地的自然景观中营造过许多的场所。你可以在这个网址中看到一些照片：www.richardlong.org/sculptures/sculptures.html（2011 年 5 月）。

他仅仅在一条线段上反复走就营造出一条通道。按他的做法，他的双脚刮掉了地面的草，压实了泥土，在他的脚下就出现了一条走过的路径。

他所在的记忆以踩了一遍又一遍的有形结果保留下来（由于这种印记会渐渐消失，所以他以照片的形式记录下来。这种路径也让人想到，山坡上那些被羊群反复经过的路线所留下的印记）。朗以同样的方式画出圆圈，在同样一个圈上走了一遍又一遍。

有时他用随手捡来的石头和木板，通过对这些材料进行（近乎）完美的几何组织（这仅有思维可以完成），拼成直线或圆圈。

有时他仅仅通过清理石头，开辟出一条路径或一片空场，形成一条直线或圆圈。

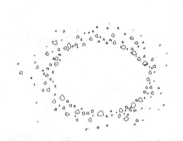

他的一些雕塑看上去也可以定义场所；也有些是在拒绝场所（拒绝场所也是建筑的一种表达方式）。

他也会用他的身体去创造有形的记忆，来定义场所。在一次骤雨将至之时，他找到一大片石头，躺下等待大雨降临。在雨中他一动不动，雨收云散之后，他站起来拍摄下石头中在他身体下面一块干的印记（未淋雨的"影子"）……

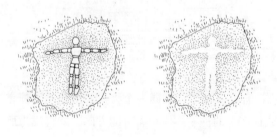

……由他的"居住"而空出的"家"。

练习 12e　场所圆圈

在你身边画出一个场所圆圈。

世界）。尽管它也就是一条在沙子上画出的线而已，但是即使你离开这里，这条线仍然代表着你曾经的存在。这就是"家"所具备的最基本形式。虽然做一个舒适的家你还要做很多事情，但它起始于此。

你曾经在你的板子上用你的小人儿做过这个事情；但是现在你居住在这里，你要感受这个圆圈中的力量。体味这个圆圈形成的方式，感受它将你和这个世界分开的过程。意识到有一道门槛将这分成了里面和外面。跨过这道门槛。站在外面体会一下这个圆圈在更广阔的自然景观中的力量。告诉自己，圆圈之内是一个特殊的，甚至是有魔力的地方，那里会有陌生的事情等待着你（也就是：当你站进圆圈，它使你变得独一无二而又无比突出）。再鼓起勇气退回到里面，感受一下你跨过那条线时轻微的恐惧感。所有这些效果，都是所有作为定义场所的建筑物中最基本的情绪把握的部分。无论建筑变得如何复杂，它都起始于最简单的对于内与外的分隔。即使那条分隔线、门槛并不像你在沙子上画出的线那样清晰，这种分隔仍然存在。

你通过画一个圆圈，你已经定义了从未有过的场所（你已经以一种微小但重要的方式改变了

分隔——将一个场所从其环境中独立出来——并不仅仅发生在陆地上。2008 年洪水在印度比哈尔（Bihar）地区泛滥。人们流离失所，但是在水中制作这种睡觉的平台。他们用屋顶来遮阳避雨。

练习 12f （开始）修正你的场所圆圈（使其更坚固或更舒适）

在你的场所圆圈中开始，你要思考你如何能让它：作为场所本身变得更坚固，作为场所居住变得更舒适（更得体），或者作为其他目的更便于调整（比如作为展示某件物品的场所，或作为举行某项仪式的场所）。用你手边所有的材料：石头、木板、杂草、砂子（或土），甚至是其他人。

注意，当你做这个事情的时候，起始于场所圆圈的想法去思考一栋建筑物，完全不同于你起始于将建筑物做成一个对象（一个雕塑的物体）的想法。起始于场所圆圈的形式关注的是（对人、物体、行为的）限定，而不是被限定（如同一张照片或图纸）。结果就是，人被看作建筑的参与者而不是观赏者。你要过后再去想你的建筑看起来如何；你应该首先想到的是它能为人做什么，对人做什么。

标志或者焦点

你可以竖立起来某些东西，作为一个场所的焦点和标志。可以是一片木板……

……或者一块石头（你可以尽可能找块大的）。

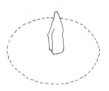

你可以放一块扁平的石头，作为祭坛、桌子或墓碑。

你可以点一堆火做个火塘。它以光和热定义场所圆圈（没有清晰的门槛）。

或者你可以种棵树（不过就是要等些时日长成）。

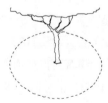

每种方式都可以生成其场所圆圈（存在）。树用其枝干和树冠定义其圆圈，营造一个你可以占据的场所。

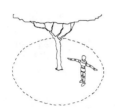

每种方式都能生成（至少）另外两个圆圈：亲密的圆圈，你可以触摸（或者照料或者拥抱）那个标记……

……以及另一个可视性的外延圆圈，在这个圈内你能看到这个标记。

表演场所

下面做出一些圆圈，你占据中央位置。用石头围成你的圆圈，你站在中心，你作为这个圆的焦点。

这个圆圈也就变成了一个开敞的表演空间；一个用于宗教信仰的空间。

门洞与轴线

在你的石头圆圈中，你也可以尝试如你在板子上摆弄积木一样的方式，在某个点上开出一个门洞，人们可以从这个地方跨过区分内外的门槛……

……门洞就形成了轴线。这条轴线可以与远方建立联系，比如一座遥远的山，或者升起（落下）的太阳。

你自己就可以试着组合焦点、场所圆圈以及可以轴线方式联系远方的门洞。

尝试不同的排列方式。享受你所设置的空间内部的力量，由元素所组成的建筑，这些元素将你对世界的感觉和你与世界的关系组织起来。

神庙、教堂、清真寺……

这个练习（本意上）让你真正做一座神庙、教堂或者清真寺，利用你所选择去做的元素进行排列。你可以在真实的世界以真实的方式来做一栋真正的建筑作品。例如，一座教堂在其祭坛周围形成了场所圆圈（尽管平面上是拉丁十字的形式）。

它那尖顶作为一种标志，从很远处就能看到。

教堂的西侧大门（及其朝向）与东方（以及初升的太阳）建立了联系*，并与世界的十字方向保持一致。

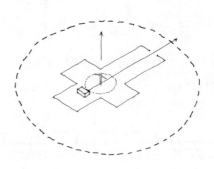

"我爱我的礼拜毯**。尽管就是一块质量普通的毯子，它在我眼中是熠熠闪光的。可惜我把它弄丢了。无论在哪，只要我铺上它，我就会感觉到来自那块地面下面和身体周围的特殊力量，它很明确地告诉我：这是一条好毯子。"

——扬·马特尔，《少年派的奇幻漂流》，2003 年

---

* 这一点需要解释一下基督教堂的历史演变。早期教堂的礼拜是在室外进行的，教众不能进入教堂，神职人员从教堂主入口出来，站在主立面前主持礼拜，由于早上的阳光从东侧投下，所以教堂的入口立面朝东。典型如梵蒂冈圣彼得大教堂的立面是朝东的 [实际上，其拉丁语和英语都称之为 "Basilica"（巴西利卡），而非 "Cathedral"（主教堂）]，它延续了原有的老教堂的朝向。后来由于渐渐礼拜改在室内进行，而礼拜时间不变，当人们仍然朝向有光源的一侧礼拜时，则变成了背对圣坛的方向。为了调整圣坛和阳光的关系，就将十字平面转了 180 度，圣坛位于东侧，主入口和主立面在西侧。因此，原著作者所表达的这种关系是在历史中存在的。——译者注

** 穆斯林进行礼拜的时候，由于经过沐浴净身，为了保证清洁，需要在跪拜之处铺毯子。通常毯子的一端供人跪拜，另一端则绘制清真寺图案，这一端在礼拜时需要朝向麦加的方向。——译者注

如果你建造（或者你只想象）一座螺旋尖塔，盘旋在教堂的场所圆圈上空，你同样可以指向一个竖直的方向——axis mundi（拉丁语：世界的轴线）——一直延伸到天空（向上直达天堂）。尖塔（标志）就产生了其自身的场所圆圈（上页右下图虚线所示），这可以由教堂的院墙定义，这片院子则位于埋葬圣人的圣洁土地中。就好像是用一把盾牌保护着，从教堂和祭坛中产生了一个力场。无论其风格或装饰，一座教堂就是一个基本建筑元素的组合体：焦点（祭坛）、（一个或多个）场所圆圈、标志、门洞及其轴线，还有人。这个组合体不仅仅为这个特殊的场所赋予了有效的形式，而且也为阐释其周边的世界赋予了有效的形式。它为人们提供了相关的场所，也让人们理解了世界。

还有另外的方式，你可以给自己做一个小神庙。

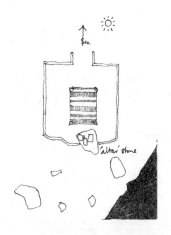

这个案例中，某个人选择了沙滩上一块特殊的石头作为祭坛。在其周边，他们用墙做出了一个小神庙的轮廓，留出一个门洞，其引出的轴线建立起"祭坛"和大海视平线之间的联系。在这个小神庙里，他们铺上毛巾，就像是在葬礼小教堂中的灵柩台一样。

练习 12g　以人营造场所

试着以你的朋友作为建造的材料来做建筑。所有人站成一排就形成了人墙（就像是足球比赛中防守用的一样）。

在 1960 年前后，东西德的柏林墙建立起来之前，这个位置就是由苏联士兵站成的人墙所定义的（作为一种防守），他们用自身组成了一道分开东西德的墙。

请你的两个朋友站成门洞状。

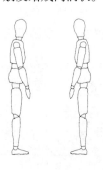

穿过门洞。感受你穿过他们时候的一种震颤。

在 1977 年，玛丽娜·阿布拉莫维奇和她的合作者乌拉伊（Ulay）就裸体地站在他们展览前的入口（展览题为 "Imponderabilia（无法估量）"）。参观者不得不从两人中间挤过去，还要和其中一个人面对面。

如果你有足够多的朋友，请他们排成两列组成一条路径，就像是举办军人的婚礼或葬礼时候在教堂门口的仪仗队一样。

请你的朋友围成一圈（这就是矗立的巨石阵的前身）定义一个场所，在这个圈里面一些共享的活动（一场仪式、一个游戏或一次角斗）将会发生。

或者它们可以都面朝外摆成某种防守阵形，就如同士兵所组成的方阵，或者前锋将车围成一圈来抵御敌人的进攻。

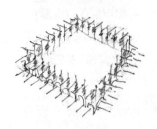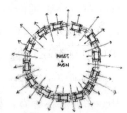

你可以通过建造一种物质形态来让这些社会性几何变得更加持久。一种防守阵形就可以变成某种类型的碉堡；通过种植两列行道树，或者竖立两列路灯，原先一列仪仗队可以变成更持久的形式。

一个由人组成的圆圈也可以变成由帐篷或房屋组成的。这个人的圆圈也就变成了围绕市场或绿地而建造的住宅。

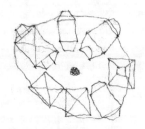

在这个案例中，一些孩子建造了（用沙子堆）一个可坐在一起聊天的场所。

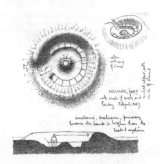

"傍晚时分，他们开始在水边盖起沙堡……墙必须做得平直，必须有窗户，贝壳均匀等距地镶嵌，瞭望塔室内要铺上干海草，这样更加舒适……当城堡竣工，他们就围着自己的作品转了一圈又一圈，他们挤到围墙内坐下，等待着海潮的来临。凯特相信他们的城堡足够结实能抵挡海潮。斯蒂芬和朱莉也附和着，嘲笑着海浪轻轻拍过的力量，起哄着海浪仅能挖走一小块墙角。"

——伊恩·麦克尤恩（Ian McEwan），《时间中的孩子》（A Child in Time）*，1987 年

他们舀出沙子，在海滩上挖出一个坑，不断挖沙也就不断在周围的边缘加高沙堆。他们留下了一个通向大海的门洞。墙体的高度足以遮蔽占据这里的人，不受沙滩上其他人的干扰，并且坐下来有围合的感觉。围着墙体内侧一圈，孩子们在墙角的地方堆起了长条椅子，并且分开各自的位置。在中央那个可能放火塘的地方，他们用石头堆砌了一个祭坛。它所表达的建筑学的理念（社会性几何）和铁器时代的住宅是相同的（见《解析建筑》第三版，案例分析 1）……

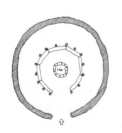 

……以及中世纪的牧师会堂。

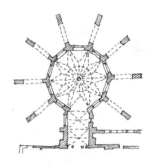

用焦点、场所圆圈、门洞及其轴线以及你自己（和朋友们）做建筑组合的游戏，实质上就是将你在积木中所建立的想法用在真实世界中，将你思维世界中（在你的积木板或图板上）的概念放在客观世界中。这个过程是建筑学最基本的过程，它起始于思维但一旦实现，将最终改变客观世界。你将继续我们本书前面练习中用积木所玩的游戏，但这次却是在真实世界中。

---

* 该书确切英文题名为 *The Child in Time*。——译者注

插曲：澳大利亚原住民在自然景观中营造场所

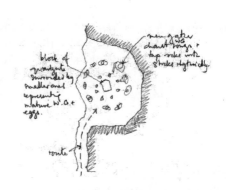

1

澳大利亚原住民部落的传统建筑，都是自然景观中所营造的场所 [以下大多数案例来自斯宾塞（Spencer）和吉伦（Gillen），《澳大利亚中部的土著部落》，1898 年]。

通过编织"歌曲之线"理解世界的原始方式，将自然景观中场所通过编织成网状的一系列故事定义下来，这些在前面已经提及（第 150 页）。景观中不同的片段与神话中不同的情节联系起来。例如，艾米丽峡谷就是木蠹蛾幼虫（澳大利亚特有的蛾子幼虫。——译者注）部落的宗教场所。那里大部分地形是通过山谷的一条小溪，这条小溪就被赋予了祖先们所遵循的道路的意义。每一个故事都会与他们所在地的石头、树木、洞穴等特殊的形象组合联系起来。祖先留下的道路引导人们来到峡谷边一个神圣的洞穴（图 1）。在这里，仪式围成一圈举行，中间是一块代表蛾子幼虫的石英岩祭坛。周围一圈用小石头摆成，代表虫子的卵。仪式期间，男人们在小石头外再围成一圈，一起有节奏地敲打石头。

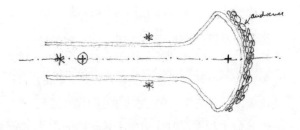

2

所有仪式举行都需要大型场所。场地都需要将地面的石头、树丛清理干净，然后撒一圈碎石片来标记内与外的门槛（图 2）。这些大型场所也不都是圆形的。各类标志设定了一片将要举行仪式的场地，提示将有特殊事件在此发生。不参加表演的人们——部落中其他的观众们——则站在门槛以外。

3   4

这些标志和祭台都要竖立起来，支撑着那些神圣的遗骸或其他的圣物（图 3 和图 4）得到更好的展示。其中一些就设定了一个更小的场所圆圈。

人们将遗骸放在挖掘的墓穴里面（图 5），而遗骸要坐着，面对着部落聚居处，而后人们要在墓穴旁的地面挖一个坑，以此形式设置一片如"舱门"一样供灵魂出入的象征性通道。

5

162

1

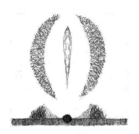

2

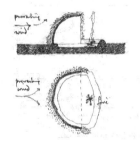

3

如在《解析建筑》（英文版）（第三版）的第69页所示的，狭小的岩石缝隙也可以用作墓穴（图1），用亲属们的手印作为标记。

一些神秘的图腾，用泥土堆出来并用颜料装饰，然后用一圈杂草遮蔽起来（图2）。这张图以平面和剖面的形式，显示的是对蛇神（位于中间的）的再现。

小型的遮蔽物用于保护火种防风避雨，也提供了围坐的场所（图3）。在举行成人仪式之前，遮蔽物的建造可以让参加者离开外在世界，独处一段时间。

用树枝杂材建造的墙体，形成对仪式活动的屏蔽——比如男孩行割礼，就要远离部落中其他人（图4）。当仪式在那个神圣的点上举行完毕，树枝的墙体就打开一个门洞，男孩就可以从这里返回部落，并成为一个男人。

其他部落则使用这个男孩的男性亲属形成这个祭坛（图5）。这就是那个做手术的台面。

所有这些促使人们营造场所的案例，都是建筑的种子。场所，无论是仅仅由使用定义，由人们自身组成，还是以建造的形式进行改变，都是所有文化的沿革中最重要的东西。你可以自己的方式来试验所有这些原始的场所，在自然景观中营造场所，体验场所的潜力。这些场所可以是已经存在的，新建的，从地面中清理出来的，以人组成的，定义出来的场所圆圈，竖立的标志，台面，遮蔽物，等等。你要感受这些场所对你所产生的力量，它们让你认知所在的世界，甚至是定义你自己。

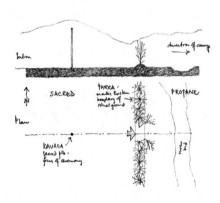

4

5

插曲：埃托雷·索特萨斯（Ettore Sottsass）

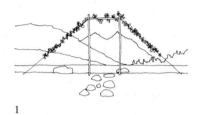

1

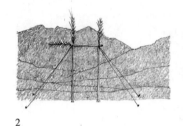

2

3

在 1970 年左右，设计师埃托雷·索特萨斯在自然景观中做了许多营造场所的游戏。比如他在场所圆圈的中心放置了一个门洞，在注意力的焦点上设置了门槛—— 一个转换点。

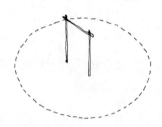

4

5

例如，他做过一个"穿过它你就能碰到你的爱人的门洞"（图1），限定了一个湖光山色的视角，以一条石铺甬道作为引导。他也做过一个"穿过它你就进入黑暗的门洞"（图2）以及"穿过它你也走不通的门洞"（图3）。类似这种在自然景观中的门洞，令人想起日本传统的神道（图4）。这些门洞作为可见的物体矗立，但是它和我们的关系却促使我们去考虑，当我们穿过之后会是什么样，会找到什么，或者会体验到什么。

不仅仅是门洞，索特萨斯还用其他不同的场所和主题，来体现在自然景观中的人。例如，他铺上毯子，放上枕头，好似摆了一张床，却是铺在长满草的地面上（图5）。他将其命题为"你要睡觉么……？"

6

索特萨斯还意识到已经存在于自然中的场所的潜力。通过在一块巨石上插上条带，并提供一组台阶，他将巨石转换为具有不确定的可识别性的场所（图6）。这些利用已有自然形态转换为场所的手法，又一次在日本传统信仰中得到升华，神社就是从这些非常突出的自然形态发展而来的（图7）。

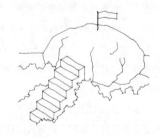

7

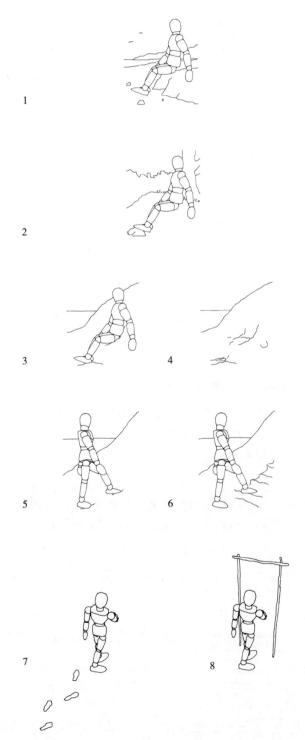

1

2

3　　　　　　　　4

5　　　　　　　　6

7　　　　　　　　8

练习 12h　人体测量学

　　试验一下你身体的尺寸与运动，对你在自然环境中的存在、移动以及营造场所产生的影响。

　　例如，你试想一下，你如何选择一个地方坐下来。你是否要选择高度在某一个区间内的石头（图 1）？你是否选择有些倾斜的物体（如树干）去依靠（图 2）？你坐在软软的沙丘上，你的臀部是否蹭来蹭去让自己陷下去（图 3）坐得更舒服一些？而起身之后就留下了一个印记（图 4）——留给自己下次再来坐的"宝座"……

　　走上一个斜坡（图 5），感受一下，你如何把脚放上去以及离开后留下的痕迹。在沙子上搭一组台阶（图 6），比如用木板，体验一下不同的高度台阶的感受。判断一下多高的台阶是最舒服的。记录在你的笔记本上。

　　走一下，注意你自己在沙丘上所留下的脚印以及脚印之间的间隔（图 7），以及它们如何组成一条路线。

　　做一些不同高度、不同宽度的门洞（图 8），包括过大或过小的。注意体会每种不同尺寸的门洞，在你穿过之时给你造成什么样的感觉。量一下这些不同的尺寸并连同你的感受都记录在你的笔记本上。

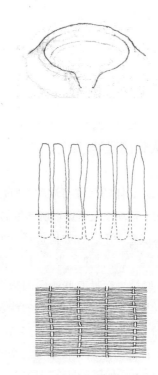

1

2

3

练习 12i　制作性几何

　　尝试制作建筑元素——墙体、平台、浅坑、屋顶、道路、标记，等——用你手边所有的材料。（记住，建筑的这些元素是一种以占据空间来定义场所的方式。）

　　你可以通过挖掘、堆砌、支模等等方式来制作建筑元素，比如你在沙滩上挖坑，在你的场所周围堆土墙（图1）。

　　你也可以通过种植来制作建筑元素，比如你在地面上打桩子或立石头（图2）。

　　你也可以通过编织来制作建筑元素，比如你把藤条编在一起成为一块板（图3）。

　　你也可以通过倾斜来制作建筑元素，比如你把树枝倾斜绑在一起成为一顶小帐篷（图4）。

　　你也可以通过组装来制作建筑元素，比如你把树枝砍下来然后组装成为一个结构（图5）。

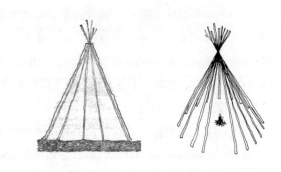

4

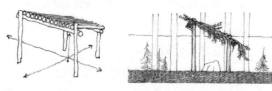

5

6

7

8

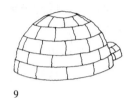

9

10

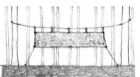

11

你也可以通过建造来制作建筑元素，比如你把石头从下至上依次堆砌起来成为一堵墙。这里，这堵墙的形式会受到你所用石头性质的影响。你可能需要很艰难地掌握好卵石的平衡（图 6），也许你也会很幸运找到平直的石头，可以一皮一皮密实地砌上去（图 7）。尝试用天然石头建造墙体的感受，会让你更加意识到使用规则矩形砌块的好处（图 8，就像是前面练习中你所使用的积木一样）。如果你是在雪地里的话，你当然能够切出很规则的雪块，盖出一个爱斯基摩人的冰屋（图 9）。

你也可以通过支撑、拉伸、悬挂来制作建筑元素，比如你将一根绳索拉在两棵树之间，来支撑一块布作为遮蔽物或遮阳片（图 10）。

一间蒙古人的帐篷是用木板条编织起来的（图 11）。

这个在喀拉拉邦的小住宅是以堆土和支模灌泥夯实的方式建造的，安装木构架作为屋顶，用椰子叶编织成屋面（图 12）。

还有更多复杂的建筑，也由各种各样的制作性几何决定。只要你找到了，就把案例记录在你的笔记本上（第 69 页"在你的笔记本上……"）。

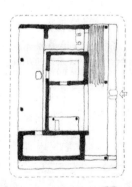

12

练习 12j　应对环境

　　当你用积木做模型时，你不会考虑到真实环境对场所营造的影响。在那个小世界中，你也许只会考虑你自己的形式，而不管那些阳光、风雨、温度以及现实存在的人。

　　当你开始在真实条件中营造场所时，你或许也可以如在小世界中我行我素。但你也可以开始考虑，你所营造的场所如何能够利用或缓和这些客观因素的影响。你可以开始考虑：你如何躲避烈日炙烤，躲避瓢泼大雨，躲避凛冽寒风，等等；你如何让自己冬暖夏凉；你如何对付烂泥一般或坑坑洼洼的地面；你如何既能给自己以私密性，给自己多一些关照，同时又能有良好的视野看到其他人。

　　自然环境中的场所营造，通常在遮蔽物或生存必需品的层面上进行描述或讨论。在英国，电视上的探险家们如雷·米尔斯（Ray Mears），在他们的节目中，以各种方式在不同的环境中建立他们的露营地，为的就是抵御以上列出的因素。即使你所营造的场所确实是最基本最初级的，这些也是整个建筑历史中所需要考虑的所有因素，甚至对于当代最复杂、最先进的建筑也是如此。你要让自己有意识地关注这些原则，用简单的天然材料营造场所，利用或缓和环境的影响。

　　做这个练习的第一件事情，就是评价一下你所处的客观环境，并对比一下你所希望营造的环境。这些客观因素是你想要缓和的还是利用的？这些评价会（也应该）影响你做建筑关注点的选择。比如在一个凉爽的气候中，你会找一些更挡风或更朝阳的地点。而在炎热的气候中，你就要找一些树作为遮阳，或者向主导风向开敞。

　　以下是一些你可以尝试的案例。记住你需要利用或缓和的因素是：太阳、雨水、风、气温、地面条件和存在的其他人。

　　持续的大风会吹凉身体，对人有损害。山坡上的动物会寻找袋状的空间以躲避凛冽的寒风。人当然也如此，我们也可以设置风障。在沙滩上你可以挖一个坑，用树枝或木板支出一块产生静风的袋状空间，这样你就可以躲开风的影响。

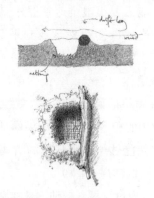

　　你也可以带上一扇布做的风障去海滩上，坐在它边上你就能躲开冷风。

　　试验一下风障的效果可以延伸多远。它能遮蔽多大的静风袋状区域？你要想避开冷风你要坐到多近的距离？

　　也要考虑风障对于其他因素的影响，比如太阳或其他人。

　　根据太阳的位置（上图），你坐在避风区可以选择自己全部暴露在阳光下，或是在阴影中。这也会产生不同的环境影响。

　　你会很喜欢风障所提供的适度私密性，也可能会决定放另外一扇风障在另外一边（即使那里并不是风吹来的方向），把自己和相邻的人分开。

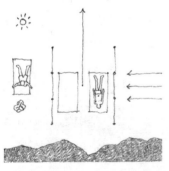

　　在上面那张草图中，你要注意比起只有一扇遮挡寒风和视线的风障，两扇简单的风障如何产生更大的作用。就位置而言，背后的岩石保护了后方；两扇风障在一起建立了一条轴线，指向远方的大海。这两扇风障，可以发展成为两堵山墙，也就非常容易变成一座神庙或一栋住宅。

　　也有其他的方法，如果你在湿热的环境中，你可能想要把你的场所开敞，让微风进入，但同时需要遮阳。

你可能只需要遮阳。

你可能需要避雨，但是需要开敞获得微风。

在湿冷的环境中，你可能需要同时遮风避雨。

你可能感到需要一堆火来让自己温暖、干爽。你就要建造一个能存贮火塘热量的场所……

……或者干脆完全围合起来……

……虽然，你还需要考虑生火产生的烟气从哪里散出去。

你可能还要处理地面的状况。比如在沼泽地中（假设你找不到一块更干的地面来营造场所）你可能要用圆木排成一排作为基础，将你的遮蔽物建在上面。

或者假设你要在洪水淹没的环境中营造场所的话，你就要先建造一个平台（就如同 2008 年比哈尔的居民在洪水中不得不做的）。

注意，这些简单的结构也是符合制作性几何的。

你可能要保护自己，并不是躲开别人的视线，而是要躲开猛兽的注意。你可能要将你所在之处周围布置上荆条，为自己建立一个场所圆圈，使猛兽不能进入。

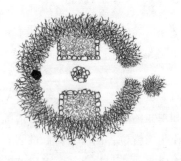

这类似于马赛族的猎人在夜晚制作蒺藜以保护自己的方法。注意，它是如何与一棵树联系在一起的，并且还有一个火塘在其场所圆圈的中心。一丛树枝封闭了门洞，使圆圈具有完整的保护作用。

插曲：尼克的营地

在恩斯特·海明威的短篇小说《大双心河》中，描述了制作帐篷过夜的过程[*]：

"地势越来越高了，上有树木，下有沙地，直到高得可以俯瞰草场、那截河道和沼泽。尼克扔下包裹和钓竿袋，寻找一块平坦的地方。他饿得慌，但是要先搭了帐篷才能做饭。在两棵短叶松之间，土地还算平坦。他从包裹里拿出斧子，砍掉两块突出地面的树根。这一来弄平了一块大得可供睡觉的地方。他用手平整沙土，把所有的香蕨木连根拔掉。他的双手被香蕨木弄得很好闻。他把土地重新平整，去掉了树根草根。他不希望铺上毯子后底下有什么隆起的东西。（……[**]）他把一条对折起来，铺在地上。另外两条摊在上面。

他用斧子从一个大树桩上劈下一片闪亮的松木，把它劈成用来固定帐篷的木钉。他要做得又长又坚实，可以牢牢地敲进地面。随着帐篷从包裹里取出，摊在地上，那个靠在一棵短叶松上的包裹立刻显得小多了。尼克把那根当作帐篷"屋脊"的绳子的一端系在一棵松树干上，握着另一端把帐篷从地上拉起来，系在另一棵松树上。帐篷从这绳子上挂下来，

像晒衣绳上晾着的大帆布片儿。尼克把他砍下的一根树干撑起这块帆布的后部，然后把四边用木钉固定在地上，搭成一座帐篷。他用木钉把四边绷得紧紧的，用斧子平坦的一面把它们深深地敲进地面，直到绳圈被埋进泥里，帆布帐篷绷得像铜鼓一般紧。

在帐篷的开口处，尼克安上一块薄纱当作蚊帐。他拿了包裹中的一些东西，从蚊帐下爬进帐篷，把东西放在帆布帐篷斜面下的床头。（……[***]）有一股好闻的帆布气味。已经带有一些神秘而像家的气氛了。尼克爬进帐篷时，心里很快活。一整个白天，他也并不是不高兴，不过现在就更开心了。现在事情办好了——这件事以前就想做——现在办好了。这是一趟辛苦的旅行。他十分疲乏。这事情办好了。他搭好了野营。（……[****]）他就在这儿，在这个好地方。他正在自己搭起的家里。眼下他饿了。

他从蚊帐下爬了出来。外面相当黑了。帐篷里倒亮些。尼克走到包裹前，用手指从包裹底部一纸包钉子中掏出一枚长钉。他紧紧捏住了，用斧子平坦的一面把它轻轻地敲进一棵松树。他把包裹挂在这钉子上。他带的用品全在这包裹里。它们现在离开了地面，受到保护了。

尼克觉得饿。他认为自己从来没有这样饿过。他开了一罐黄豆猪肉和一罐意大利面，倒在平底煎锅内。……他用斧子从一个树桩上砍下几大片松木，生起一堆火。在火上，他安上一个铁丝烤架，用皮靴跟把它四条腿踩进地面。尼克把煎锅和一罐意大利面搁在烤架上，就在火焰的上面。"

—— 海明威，《大双心河》（Big Two-Hearted River），1926 年

海明威的写作意图我们暂且搁置一边。我所画的尼克帐篷的图，讲的是另外一个事。尼克的第一个决定是要找到、

---

[*]　本段中文译文参考了已出版的一些海明威译著，如陈良廷先生等翻译的《尼克·亚当斯故事集》（[美]海明威 著，陈良廷 等译，尼克·亚当斯故事集.上海：上海译文出版社，2012.pp201-202）。——译者注

[**]　海明威原文还有一句："等他磨平了泥土，他打开三条毯子。"原著作者可能略去了，但未加省略号。此处补上省略号。——译者注

[***]　情况同上。海明威原文还有一句："在帐篷里，天光通过棕色帆布渗透进来。"——译者注

[****]　情况同上。海明威原文还有一句："他安顿了下来。什么东西都没法侵犯他了。这是个扎营的好地方。"——译者注

思考并确认其场所要驻扎的地点。他首先在意识中已经有了一个他打算做什么的想法。然后，他有一些随身携带的预制零件。他打算用一片帆布来制作帐篷，营造一个由帐篷遮蔽的场所来睡觉。帆布要用到绳子作支撑。他还需要距离正好用来拉绳子的两棵树。在他开始着手之前，他已经知道他想要什么；他已经拥有一个（建筑学）的想法。这有可能不是他自己产生的想法，而有可能是从其他人那里看到并学会如何做这个事情。还有，正是他以此想法，最终决定了这个特定的地点。他也随身带来了必需的装备——帆布、绳子、毯子、蚊帐等等。

他找到了两棵树。有一点优势是，两棵树位于森林边缘高起的地面，能俯瞰到草原、河流和沼泽。一个拥有良好视野的遮蔽物总是场所最好的选择，既不完全开敞，也不完全隐蔽，丝毫不会引起广场恐惧症或者幽闭恐惧症，是一处你能看到他人活动却不被他人看到的地方。尽管在坡地上，但树干之间的地面还是水平的；睡在坡地上总不是那么舒服。

睡在疙里疙瘩的树根上同样不舒服，所以尼克用他的斧子去掉了场地上所有的树根。而后他填平地面的坑，铺了若干层毯子让这个场所更舒服。他改变了地面，平整了一片区域让自己能相对舒适地躺着。这个睡觉的场所就做好了。绝大多数场所营造（做建筑）都始于对于地表的改变。尼克的场所同样需要遮蔽物来防止可能的降雨，所以他把

绳子拽在两棵树中间，以支撑帆布，而帆布的四角则钉在土里。他还要保证自己不被蚊虫叮咬，所以他在入口处拉了蚊帐。这样尼克就回应了对他这个场所产生影响的各种客观条件。最后，他整理了室内，把他夜里所需要的东西放在他床头。

所有一切就绪，尼克感到高兴。他对自己营造场所而付出的努力感到非常自豪。他享受着他亲手制作的遮蔽物给他带来的精神上，也是物质上的一种舒适。在广阔的外在世界中，他创造了属于自己的内在世界，可以容纳自己睡觉。但是，他还需要一堆火来做饭。这个火塘是尼克的营地在建筑学意义上不可分割的一部分。把火生在帐篷里似乎不太可能，但我们也不太清楚具体他把火生在哪里。我们可以猜测他可能把火生在入口附近的地方，但也不会特别近。他也许会很小心地清理掉周围易燃的东西。也许他会找些石头做成一个圈，像一个火盆。他准备好了一个烤架来放平底锅。他也许也找到了一段圆木，坐在上面做饭。

用钉子钉到树上来挂他的包裹，使其离开地面（并未画在图中），尼克的场所就圆满完成了。这个场所为这个地点和他本人的存在赋予了物质形式。它提供了一个临时的家，他生活的中心，以及作为一种他做任何事情的参考点。作为这个场所的建筑师，尼克不仅仅为自己提供了一个用于睡觉的舒适场所，他也以此方式理解着周围的世界。（所以，毫无疑问，他非常的高兴！）

练习 12k　限定气氛

试着营造一种具有特殊气氛的场所。

场所营造一般都会关系到气氛的建立、限定、围合，这种气氛既是字面上的，也是一种隐喻性的。任何一个简单遮蔽物的目的都是去包裹一个虚空的体积，这个虚空其实也会在室外寒冷时保持温暖，在室外炎热时保持凉爽，在狂风呼啸时保持静谧，在阴雨绵绵时保持干燥，在门庭若市时保持私密。这是家最主要（实用）的目的。比如一所冰屋，把人和火烛所产生的温暖空气封闭起来。

在设特兰岛（Shetland Island）的海风频繁的气候中，农民们会建造"缘石桩"（planty crubs）*……

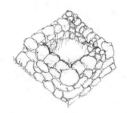

……它用粗石砌成围墙，围合的面积非常小。它在内部形成了静风区，可以用来种植畜牧所需的饲料庄稼。

在戈壁沙漠中的旅行者，会在火上加热石头，然后在上面堆土成为一张露天的床。这张床保存着石头的温度，可以让人度过寒冷的夜晚。

但是场所（包括你在本练习中所营造的那些）会以各种方法限定不同类型的气氛。场所营造会激发创造力。19 世纪的人类学家，记录了澳大利亚土著部落建造的非常精致的"遮阳木炕"。顶棚可以遮挡多余的阳光，而炕下面的小火苗产生的烟可以驱赶害虫。

作为某种清洁仪式的一部分，一些北美的部落会建造汗蒸房（就像是斯堪的纳维亚的桑拿房一样）。水泼在石头上所产生的蒸汽会笼在兽皮所包裹的简单房间中（上图）。

澳大利亚土著人也会做一个用树枝拼成的爱斯基摩人冰屋（igloo），独处于这间屋子里的年轻人即将进行成人礼。

---

* 该词及其两个单词一般字典均查无此词，planty 易解释，笔者怀疑原著中 crubs 为 curbs 的误拼写，因此按照 curbs 翻译。——译者注

如果你是这里面的那个年轻人，面对外人的关注，这样一个结构可以让独处的你并不感到紧张。

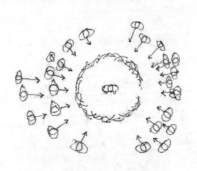

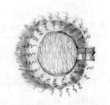

场所也可以营造为超自然的，这些场所蕴含着一种神圣的气氛。在索福克勒斯（Sophocles）*所著的悲剧《俄狄浦斯在克洛诺斯》中，被刺瞎眼睛的国王俄狄浦斯和她的女儿安提戈涅到达了克洛诺斯，看到了遥远的雅典城。在他们走累了找地方休息时，他们进入树林感到了神圣的气氛。果然当地人警告他们，不能在这里逗留，因为这个位置确实是奉献给神祇的。

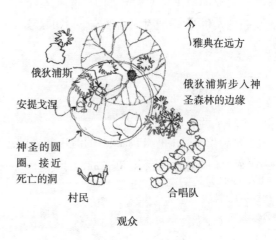

这张图显示索福克勒斯的这场剧的舞台是如何布置的。即使在人工环境中，场所也要限定出神祇可感受到的存在；神祇的灵魂定义了场所。安提戈涅和她的父亲被限定在场所的光晕中，也就是要独立于旁观的当地人。

如我们之前看到的，19世纪人类学家记录了对于动物神祇的图腾式的再现……

---

* 古希腊三大悲剧作家之一。——译者注

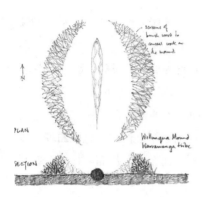

并且用树枝杂材屏蔽起来不被看到，这也定义了一个充满着神祇灵魂的场所。

大多数宗教都做了同样的事情。教堂不仅仅是在礼拜时为信徒们遮风避雨的地方，它也围合出一种神秘的宗教精神氛围。甚至一所在村庄中的小庙都会蕴含或限定出一种神秘的气氛。

练习 12l　为使用空间设定规则

建筑为我们的生活设定了空间格局。尝试一下用墙、门洞以及其他建筑元素为你的空间使用设定"规则"。

体育比赛场地就是最明显的例子。

曲棍球场和网球场将各自比赛规则的系统整合于建筑元素中：门槛、焦点、墙。这些设定了比赛进行时的空间格局。

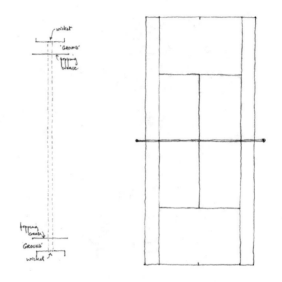

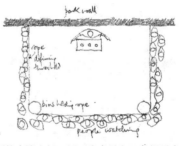

街头魔术师的表演空间，用一张桌子和一条绳子布置，绳子放在地上作为门槛，让观众和魔术师保持距离。

住宅也一样。一所住宅也设定了空间格局，并且使居住者的生活更加有秩序。这里有供各种生活片段的场所：做饭、吃饭、坐着看电视、工作、种花，等等。

法国人类学家和哲学家皮埃尔·布迪厄在其论文《柏柏尔人住宅》（The Berber House）中，描写了北非当地人的住宅空间组织（下页左中图）。住宅组织了他们的生活，代表了他们的社会组织和精神信仰。

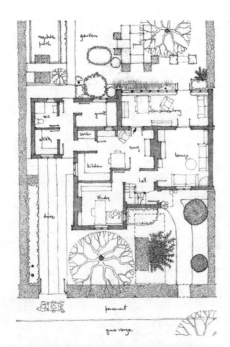

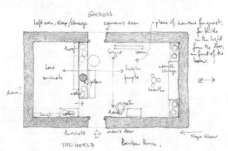

利比亚沙漠部落的帐篷通过组织，将男人与女人生活的区域分开。女人的区域要更大一些，因为她们需要劳作。

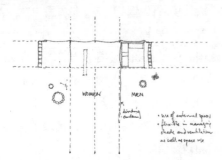

这些沙漠帐篷的空间由可移动的编织屏障与帐篷顶组成，屋顶由木柱支撑并由拉绳绷紧。

建筑也为仪式与祭奠设定空间格局。约翰·奈哈特（John Neihardt）在其著作《黑人艾克说（Black Elk Speaks）》通过转述了一位苏族老酋长告诉他的话，详细描写了仪式场地的布局。规则决定了幕帐应该如何布置，从而将他们关联到更广阔的世界。

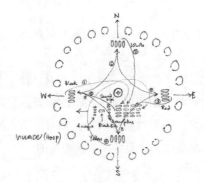

宗教场所设定了详细的规则，根据这些规则来举行仪式。繁杂的仪式要在非常精确的框架中举行，这些框架中的标志物都象征着由一个中心出发的十字方向，一直到更广阔视野之中的圆圈。

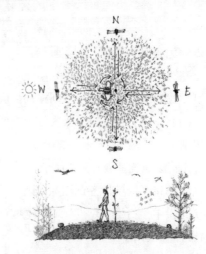

一位英雄人物会表演仪式过程，也许是围着中心的柱子转圈，跨过地面上一片花草，用很长时间轮流走向每一个方向上的点。在这样的环境中，这个场地就变成了导演宗教舞蹈的一个背景框架。

拉斯·冯·特里尔（Lars von Trier）在其电影《人间狗镇》（Dogville）（2003 年）中，通过再现故事的地点——一座很小的乡间小镇——干扰了建筑设定空间交互规则的方法，就像是黑底白线的图画一样。

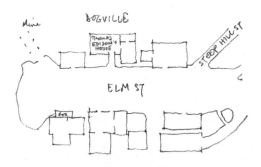

黑色地面的白线，就像是黑板上的粉笔线，定义了小镇中街道、住宅和其他建筑的领域。就像是比赛场上的画线设定了空间规则一样，这些规则使故事得以展开。

甚至在沙滩上我们也在组织空间，在阳光下和阴影中，为父母和孩子营造场所，还有放置物品的场所。

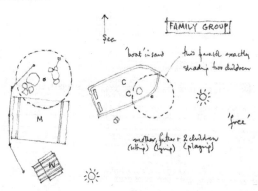

练习 12m　尝试将时间作为建筑的元素

尝试在自然景观中营造一系列场所，穿过这些场所可以让人体验一系列不同的状态。

在这些练习中，你已经碰到过将时间作为建筑元素的情况。在沙丘最高点上放置门洞，就是其中一个案例。

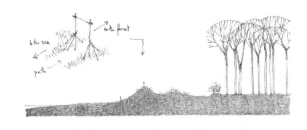

门洞可能是一个静态的物体，用来定义一种具体的、静止的门槛，人们在这个门槛处欣赏大海或者嗅闻松香，但是它也设定了与时间要素相关的一系列简短体验的焦点。

你可以将这一系列体验的每一步都画在一个（电影导演们所称之为的）故事板上。这不仅仅是记录体验的方式，更是一种精心策划设计一个体验序列的方法。

你在故事板上所画的沙丘门洞就类似于这个。你可以把这个序列从头到尾按数字走一遍（没有必要把图画得太精细）。

1　发现一个门洞　　　　2　找到路径

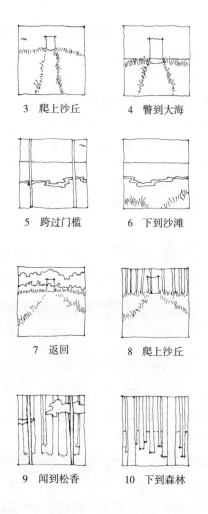

3 爬上沙丘　　4 瞥到大海

5 跨过门槛　　6 下到沙滩

7 返回　　　　8 爬上沙丘

9 闻到松香　　10 下到森林

你可以延长这个序列，比如可以在通过门洞之后设定一个目的地。可能是沙滩上的一个标记……

……或者一把椅子，你可以设想你坐在那里，像卡纽特国王*一样可以击退海潮……

……或者是某个遥不可及的东西。

又或者你的门洞是迷宫的入口。

你可以在树丛中建造一圈简单的围墙，将空间隐藏起来，在内部设计一些神秘的感觉……

……以及一些晦涩的入口，从这些入口会进入围墙背后世界，这会使人产生恐惧感。

当你把时间也包含到建筑元素中时，建筑就会像音乐或电影一样，成为你能够诱发人们不同情绪的媒介。精心设计的体验是建筑最为丰富的维度。

---

* 统治英格兰、丹麦、挪威及部分瑞典的一名维京国王。其统治的王国被称为北海帝国。——译者注

在你的笔记本上……

在你的笔记本上…… 画出你已经在自然景观中营造的场所。

你可以像拍照片一样画出你所看见的场所。但是更重要的是你要在思维中画出来，这样才算真正对所产生的形式负责。作为一名建筑师，你必须有能力发现和理解所有与设计、营造场所相关的东西，不仅仅是它们在室外或室内看起来如何。要想设计与再现你的场所，最重要的图纸就是平面和剖面。这些是由思维而不是眼睛生成的图纸；这些图纸不只显示建筑的视觉外观，而是要能真正阐释一个作品概念与空间组织（理性的结构）。

剖面

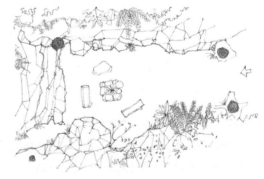

平面

森林中岩石间的空地可用平面和剖面的方式绘制。

以相同的比例尺，找一个适当的方向，把剖面画在平面的上面，从而使得两张图可以被看图者同时阅读，并在其头脑中形成该场所的三维构成。你要尽可能做到精确绘制场所中最重要元素的尺寸和位置。其他的东西（比如树枝、树叶等）并不需要那么准确。

如果你正在画一张在树上营造的场所，那么你可能必须把最重要的那根树杈画得更精确。

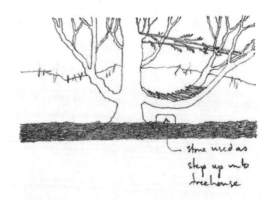

179

标识出你已经搭建建筑元素的构造方式，用来定义和限定你的场所。

所有剖面都有一道地平线（加阴影？）作为你建造的基础。在平面中你可以按你的习惯，用阴影或波浪线来表示地面的坡度。一些标注非常重要，比如表示太阳或大海的位置，或者风向。

就如《解析建筑》(英文版)（第三版,2009年）第24页所说的，你可以找一张网格纸垫在你笔记本白纸的下面，它可以帮你控制绘图的位置和比例。它还可以帮你保持标注整齐，用阴影画出铺地，等等。还有你想不到的，网格纸在画不规则几何形时也和规则几何形一样有用，并且在画剖面的时候它会时常提醒你（大致的）保持地平线的水平以及重力的竖直。它能帮你画出一条很平直的线。

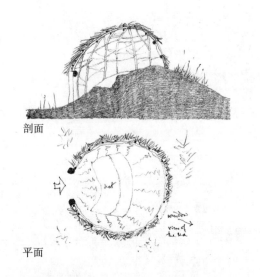

剖面

平面

把这种构造方式同时表达在剖面和平面上。再次强调，注意精确绘制那些需要准确度量的东西,而其他的东西草草绘制即可（比如草的叶片）。地面是所有落地的建筑的必要元素，因此你要让

你应该表达你所能看到的背景。不要按照透视而是以同样的比例尺画；这样你就有望能看到，这个背景就能为你所营造场所的空间特质，以及场所与其环境的关系，提供有效的信息。

你的场所所在的外在关联性是体现其可识别

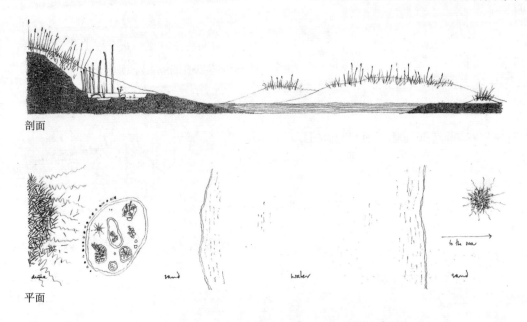

剖面

平面

性的必要组成部分（上页下图）。你也许知道，什么使你的场所具有关联性，但这还不够；你还应该在你的图中——平面，尤其是剖面——表示出来。一定不要吝惜笔墨，在你的剖面中表达出充足的外部关联要素。关联性是你的场所发生故事的重要部分。在森林中，场所的故事可能只限于和树有关的较小范围；但是在沙滩上，你的场所就有可能联系到海洋和远方的视平线。你的图纸应该表述这些相互关系。你可能希望以不同的比例尺画两张剖面：一张表示你的场所紧邻四周的细节，另一张表示你的场所与更大范围自然景观的联系。

在实践过程中，你应该努力去获得一种精神状态：你真正享受绘图的体验，即那种用笔和纸做各种符号标记的感官享受；你应该忘却你正在做什么，在用什么铅笔、什么铅或什么纸等等；你应该细细体味那些你花在排线或者画树的时间。

如果你的场所的主要概念与地平线发生联系，那么你就要用图来阐释这个概念（用比文字更强有力的方式）

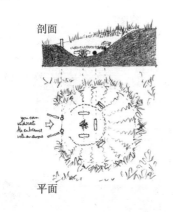

剖面

平面

在你的笔记本上……

在你的笔记本上……发现并绘制那些利用或缓和客观条件（这些作为前提条件设定了建筑）的建筑案例。

大多数建筑都会以某种方式，主动关联到它们所在的客观条件。在你笔记本上的任务就是去理解，并以绘图的方式记录下来它们所使用的方式。

例如，城堡或要塞利用了高地，获得了观察周围村落的全景视野，及时发现敌人的攻击，而成为权威的一种视觉性存在。

作为一种非统治性的要塞，海上牧场公寓[（Condominium One at Sea Ranch），穆尔（Moore）、林顿（Lyndon）、特恩布（Turnbull）、惠特克（Whitaker）等设计，1965 年，《每个建筑师都应该理解的二十个建筑》中的案例研究之一]，也同样与戏剧性的客观条件发生了联系。它位于美国北加州崎岖不平又多风的环境中。尽管场地使用很大的篱笆墙保护起来，抵御持续不断的大风，建筑自身也形成防御性的院落，但是每间住宅仍然可以有良好的视野，看到浩瀚的海洋和耀眼的夕阳。

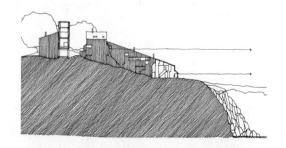

分析你自己的住宅如何应对环境。在杂志和图书中还可以发现更多的案例。领会建筑如何成为人与周围世界的媒介。

第三部分总结

建筑既是主观意识中的存在，也是客观世界中的存在。它出自理念，又不得不在现实中被与它相关的事物修正。在本书前两部分中的练习，都发生在特定的孤立的领域中——你的小案板——一个能够将你意识中的空间得以再现的场地。在这个领域中你曾经用孩子玩的积木建造模型，也利用这些积木的矩形几何与标准尺寸。这是你想象力驰骋的场地。而从真实的世界进入了你的场地的，只有重力、光和缩小了比尺的小人儿（不活动的且理想的）。如果你只局限于画图，无论是在纸上还是在电脑上，那么连这些都不会加入到你思维的建筑游戏中。

最后这一部分，这些练习将你的思维带出来，进入到现实世界中，在真实的环境中与真实的人打交道。按此做法，这些练习促使你走进现实，场所由选择与认知所定义，这些场所仅仅是占据就可以建立，并不需要任何修正。建筑则是一种修正已有场所的行为。

为了容纳生活、财产、行为等事物，我们修正这个世界，这涉及要利用适当的资源（材料、工艺、地形、阳光、微风，等等），回应人们的需求，并抵御威胁（寒风、潮湿、猛兽、敌人，等等）。建筑还会涉及人们对所使用材料特征表现的敏感性，会注意所应用材料本身的制作性几何方式，以及材料支撑自重或其他构件的力学性能。

但是建筑并不仅是物质的实在。它还要限定气氛。作为一种非动词的哲学*，建筑为认知世界设定了空间的规则和引导。就像是电影、音乐、小说等，建筑编写了生活的体验，引发了情绪的改变。

任何一种艺术，不断的修改与精炼才是品质的保证。想想你曾经做过的练习，试着修改它。有机会你可以将自己和他人的评价（评价无论来自哪个角度、以何种方式）同时考虑，让你的场所变得更好。你即将迈入一位职业建筑师的道路，致力于（投入到）对世界的响应中，将世界变得更美好（更美丽、更有趣、更舒适、更有序，等等）。应用你所学习的最强大的工具——你那经过锻炼的想象力——让你的理念以物质形式得到再现。

---

* Non-verbal，作为基督教宗教启示的一种类型，以术语等信息的模式使信徒与上帝沟通，而非以行为或故事的方式。——译者注

尾声：绘制平面与剖面

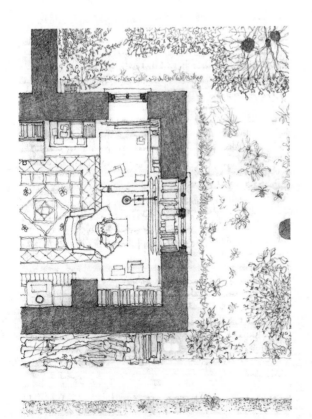

建筑并不仅仅是对你眼睛所见的描绘，而是思维的描绘。

奥尔罕·帕慕克（Orhan Pamuk）在《我的名字叫红》（My Name is Red）（1998年，第90页）中描写了传统微缩画：

"你应该知道曾经一度在大不里士（Tabriz）和设拉子（Shiraz）流行的宫殿画、浴场画、城堡画；它们复制了崇高的洞悉一切的阿拉所拥有的透视眼，那些微缩画家以连续剖面的形式描绘了宫殿，就如同用一把巨大的剃刀直线切开，而后画家可以画出所有的室内细部——这些是完全不可能在室外看到的——这些细节甚至描绘了锅碗瓢盆、玻璃酒杯、墙面装饰、壁毯窗帘、笼中鹦鹉，还有最私密的角落中，在光天化日之下肯定看不到的，一位可爱的女仆横卧在枕头边。"

你完全可以画一张你所住的房子的室外或室内的图片，但是只有你绘制剖面和平面，你才能将室内外同时表现出来。你可以通过窗户、门洞、树冠下面和篱笆上面，来表现出室内外的关系。

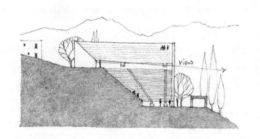

通常在自然景观中的场所，与其所在的更大的环境有着紧密的联系。你所绘制的图纸，尤其是剖面，要表达这个关系。在西西里岛上的塞杰斯塔希腊剧场的案例中，你可以画出一个通长的剖面，以阐释自然景观中的剧场和它周边山脉之间的关系。也许图中真正剧场的部分很小，不过你可以通过画另外一张大比尺的剖面图来进行表现。

左边图中那个树下的座位是个很惬意的地方，但你没有讲出完整故事——这个位置不仅仅在悬崖的最高处，有着俯瞰大海的视野，而且就在小镇的附近——如果你没有画一张更大的剖面的话。你必须成为那个决策者，决定你要以多少笔墨，才能完完全全讲清楚与你的场所相关联的故事。

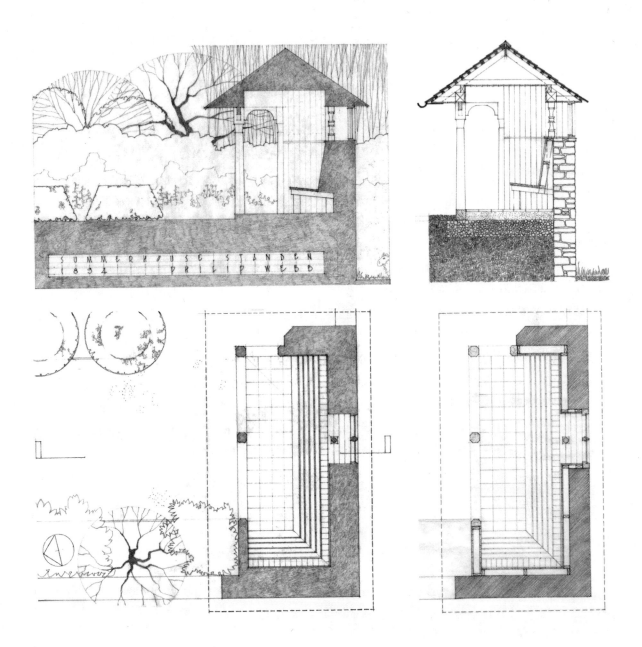

这里表示了平面和剖面的两种主要类型："构造图"（右）和"设计图"（左）。在"构造图"中你所要表达的是，你的建筑要如何建造，所以要区分不同的材料及其组织的方式。而在"设计图"中你要表达的则是，你的场所中的空间，它能容纳什么，它与环境的关系如何，因此你不必表示横剖面中材料组织的细节；你将剖切下来的实体材料——建筑与地面——作为一体表示，没有交接关系。

这几张图来自19世纪末由建筑师菲利普·韦伯（Philip Webb）在萨塞克斯设计的斯坦登花园中夏日小凉房。去测量一下这个建筑并绘制出来——以"设计图"和"构造图"的方式分别绘制其平面和剖面（你可能需要对一些隐藏的构造做一些有经验的猜想）——这是一个让你练习绘图并深化你对建筑理解的好方法：让你学习建筑如何生成，你又能对它做些什么。你可以使用任何绘制手段——铅笔、钢笔或者计算机等——来研究任何一栋建筑。如果你没有机会去测量，你也可以从出版物中获取这些信息。

致　谢

衷心感谢：

感谢哈德斯菲尔德大学的约翰·布什（John Bush），给我指点了一个方向：彼得·布鲁克以及他在著作《开放的圆》中对于非正式的戏剧空间的论述。

感谢纽约的汤姆·基利安（Tom Killian），寄给我海明威的《大双心河》中对尼克营地的描述。

感谢北卡罗来纳州夏洛特大学的杰夫·巴尔默（Jeff Balmer），邀请我参加他们学校举办的2010年"设计入门教育"研讨会，以及来自同一学校的迈克尔·T·斯威舍（Michael T. Swisher），分享了他关于本科一年级建筑教育的想法。

感谢曼尼托·温尼伯大学的丽莎·兰德勒姆（Lisa Landrum），指点我关于希腊语中相当于"to architect"的动词。

感谢伦敦里士满的泰晤士学院的罗伯特·阿特金森（Robert Atkinson），为我展示了他所指导的学生作业，都是建筑学上佳水平（"A"level）的研究。

感谢艾伦·帕蒂森（Alan Paddison）所报告的法国卢瓦尔地区巴由利尔墓葬。

感谢 Routledge 出版社的弗兰·福特（Fran Ford）、劳拉·威廉姆森（Laura Williamson）和阿莱娜·唐纳森（Alanna Donaldson）对本次出版项目的支持。

以及最后但同样重要的，在所有这些练习中，历届学生们不断地参与实践，并以极大的热情投入我所设置的练习（比如要在苏格兰和威尔士的海边经受风吹雨打），我要一并表示感谢。

推荐书目 *

"基础" 部分

Martin Heidegger, translated by Hofstader-'Building Dwelling Thinking' and ' … poetically man dwells…' in Poetry, *Language and Thought* (1971), Harper and Row, London and New York, 1975.

[德] 海德格尔 著，彭富春 译. 诗·语言·思. 北京：文化艺术出版社，1990.

Christian Norberg-Schulz-*Existence, Space and Architecture*, Studio Vista, London, 1971.

[挪威] 诺伯格·舒尔兹 著，尹培桐 译. 存在空间建筑. 北京：中国建筑工业出版社，1990.

Steen Eiler Rasmussen-Experiencing Architecture, MIT Press, Cambridge, Mass., 1959.

拉斯穆生 著，汉宝德 译. 体验建筑. 台北：台隆书店，1983.

"几何" 部分

Le Corbusier, translated by de Francia and Bostock-*The Modulor, a Harmonious Measure to the Human Scale University Applicable to Architecture and Mechanics*, Faber and Faber, London, 1961.

[法] 勒·柯布西耶 著，张春彦 邵雪梅 译. 模度. 北京：中国建筑工业出版社，2011.

Richard Padovan-Proportion：*Science, Philosophy, Architecture*, E. & F.N.Spon, London, 1999.

[英] 理查德·帕多万 著，周玉鹏 刘耀辉 译. 比例：科学·哲学·建筑. 北京：中国建筑工业出版社，2005.

Bernard Rudofsky-Architecture without Architects, Academy Editions, London, 1964.

伯纳德·鲁道夫斯基 编著. 没有建筑师的建筑：简明非正统建筑导论. 天津：天津大学出版社，2011.

"出师入世" 部分

Antonio Damasio-*The Feeling of What Happens：Body, Emotion and the Making of Consciousness*, Vintage, London, 2000.

[美] 安东尼奥·R·达马西奥 著，杨韶刚 译. 感受发生的一切：意识产生中的身体和情绪. 北京：教育科学出版社，2007.

Andrea Deplazes, editor-*Constructing Architecture：Materials, Processes, Structures*, Birkhäuser, Basel, 2005.

[瑞士] 安德烈·德普拉泽斯 编，任铮钺 译. 建构建筑手册：材料·过程·结构. 大连：大连理工大学出版社，2007.

Mircea Eliade, translated by Trask-'Scared Space and Making the World Scared', chapter in *The Scared and the Profane：the Nature of Religion*, Harcourt Brace and Company, London, 1958.

[美] 米尔恰·伊利亚德 著，晏可佳 姚蓓琴 译. 神圣的存在：比较宗教的范型. 桂林：广西师范大学出版社，2008.

---

* 为方便读者，译者尽己所能查找，并列出原著所提及的相关文献的中文译著。——译者注

Amos Rapoport–*House Form and Culture*，Prentice Hall，New Jersey，1969.

[美]阿摩斯·拉普卜特 著,常青 等译.宅形与文化.北京：中国建筑工业出版社，2007.

Gottfried Semper, translated by Mallgrave and Hermann–*The Four Elements of Architecture*（1851），MIT Press，Cambridge MA.，1989.

[德]戈特弗里德·森佩尔 著，罗德胤 赵雯雯 包志禹 译.建筑四要素.北京：中国建筑工业出版社，2010.

Henry David Thoreau–*Walden*（1854），Bantam，New York，1981.

梭 罗 著，王勋 纪飞 等编译.瓦尔登湖.北京：清华大学出版社，2011.（多版同名译著，仅举一版）

Peter Zumthor–*Thinking Architecture*，Birkhäuser，Basei，1998.

彼得·卒姆托 著，张宇 译.思考建筑.北京：中国建筑工业出版社，2010.

Peter Zumthor–*Atmospheres*，Birkhäuser，Basei，2006.

[瑞士]彼得·卒姆托 著，张宇 译.建筑氛围.北京：中国建筑工业出版社，2010.

绘图相关

Francis D. K. Ching–*Architectural Graphics*，John Wiley and Son，New York，2007.

[美]弗兰西斯 D.K.陈 编著，叶式穗 译.建筑制图（原书第 4 版）.北京：机械工业出版社，2004.

Francis D. K. Ching–*Architecture：Form, Space and Order*，John Wiley and Son，New York，2007.

程大锦 著，刘丛红 译.建筑：形式、空间和秩序.天津：天津大学出版社，2008.

Lorraine Farrelly–*Basics Architecture：Representational Techniques*，AVA Publishing，Worthing，2007.

[英]洛兰·法雷利 著，燕文姝 黄中浩 译.表现技法.大连：大连理工大学出版社，2009.

对于西蒙·昂温之前的著作《解析建筑》的一些评论

"本书最为打动人的是对于每一个词、每一句话、每一张平面图、每一张剖面图以及每一个观点的周全与充分的考虑，所有这些成就了一部高品质的著作。这本书对于学生来说尤为适合，也十分实用，使他们能够通过努力搞清楚复杂多变的建筑学。……昂温用他敏感的建筑师的心在写作，用他熟练的建筑师之手在绘图。"

——苏珊·莱斯（Susan Rice），莱斯与埃瓦尔德建筑师事务所，《建筑科学评论》（Architectural Science Review）

"昂温有意识地关注建筑学中最为基本的元素，而不像通常的书，只关注那些著名流派的称号、风格、运动或年代。他对于传统的艺术史方法的摒弃，得出了许多有趣的结论。……以昂温自己的图为媒介，这些结论表现得更有说服力、更令人信服。"

——休·皮尔曼（Hugh Pearman），《周日时报》（The Sunday Times）

"非常精彩的著作，值得推荐给所有对建筑学真正感兴趣的人。它开始于昂温出色的手绘本领——用手思考，如果有这种说法的话。这对于建筑学技能来说是最基本的，昂温使其'回归自我'，把建筑描述为就在我自己的周围。他就是用这样的技能在那数不胜数的建筑和繁杂多变的建筑学背景上灵活地跃动着，阐释着建筑学的策略。著作的核心，也是我们完全拥护的，是昂温给出的对建筑学的定义与理解：（建筑学是）人们在理念组织和智慧构成的意义上所处理的事情。不过他把这一可能被认为干瘪的定义加上了充满情感的再现：建筑是场所的定义（'场所之于建筑如同意义之于语言'）。于是他提出了这个话题：为什么我们认为建筑学有价值。"

——www.architecturelink.org.uk/GMoreSerious2.html

"用清晰、精确的图表和富有思考的文字，作者西蒙·昂温为建筑学和审美体系的学习提供了一个更有效的方法。历久弥新的楼宇、古典的神庙、传统的日本小屋或者是早期现代主义大师的作品，发掘如此宽泛的内容却能够被集中起来进行学习。如昂温所指出的，尽管建筑的风格随着时代不断变化，但基本的原则，即组织有品位的设计，显然是永恒的。这部著作是那些有志于获得视觉艺术技能和了解各种各样设计方法的建筑学学生的一样必需品。"

——Diane78（来自纽约），Amazon.com 网站

"书中的文字细致入微，不打官腔，以直截了当的风格来介绍建筑学的理念。我猜想，这会给这部书带来非常丰厚的市场回报，并且不仅仅局限于建筑师和建筑系的学生。"

——巴里·拉塞尔（Barry Russell），《环境》引自《设计》（Environments BY DESIGN）

"从原始人的露营地到 20 世纪纷繁复杂的结构，建筑作为人类活动的必要功能得到清晰的解释，并且配有作者自己精彩的手绘图。这是一本编排良好、可读性强的书，强烈推荐。"

——medals@win-95.com，Amazon.com 网站

"这本书建立了分析建筑的系统方法，解释

了建筑的元素是如何被组合到一起，而成为可以与'场所'的切身感觉——尤其是将方案与其周围的环境相联系的设计。图和案例是对本书良好的阐释。对那些想要学习建筑学基本知识的人，这是一本极其有用的入门指南。"

——nikaka99@hotmail.com，Amazon.com 网站

《解析建筑》应该成为所有建筑学教育中的一个重要部分，它是一部以强大的建筑绘图作为分析工具的信息量相当大的手册。"

——霍华德·雷·劳伦斯（Howard Ray Lawrence），美国宾夕法尼亚州立大学

"与《建筑学笔记》一样，这本书的所有方面都很出色——一部核心的著作。"

——特里·罗布森（Terry Robson），助教，英国巴斯大学

"我认为这是一部精彩的著作，我会继续推荐给我的学生们的。"

——唐纳德·哈隆（Donald Hanlon），教授，美国威斯康星大学密尔沃基分校

"估计是建筑学中最好的入门书了。"

——安德烈·希格特（Andrew Higgott），建筑学讲师，英国东伦敦大学

"每个人都会毫不犹豫地推荐这本书给新生们：这本书介绍了许多关于建筑学学习的想法和参考。案例研究尤其有信息量。学生们会发现，这本书会很好地帮助他们，定位那些与建筑学紧密联系的重要主题。"

——洛兰·法雷利（Lorraine Farrelly），《建筑设计》

"我所读过的最为清晰明快和最具可读性的建筑学入门书。"

——罗杰·斯通豪斯（Roger Stonehouse）教授，英国曼彻斯特建筑学院

"在建筑界有许多有前途的学生正是开始于这本书的学习。西蒙·昂温的《解析建筑》是对于建筑及其技术最精细的入门书之一。尽管像这样的书可能并不是一个建筑爱好者的首选，但对于从里到外把建筑学发展能够学个遍的，除了这本书之外确实没有更好的选择了。即使你从来不会绘制蓝图或者分包工程（除非你在设计你的大师级花园办公区！），这本书也可以拓展你对于建筑学的理解，这是仅有专家才能够享用的。"

——www.thecoolist.com/architecture-books-10-must-read-books-for-the-amateur-archophile/

"简单才是最好！我刚刚浏览完书的前三章就不能自已地来写这个评论。坦白讲，这是建筑学领域中所有人都必读的、最好的书。学生们、老师们以及类似的建筑实践者们都会在书中找到灵感的。"

——Depsis，Amazon.com 网站

《解析建筑》的合作网站可以在此找到：
www.routledge.com/textbooks/9780475489287/